前　　言

本习题集与龚伟主编的《工程制图》教材配套使用。为便于教学,习题集的编写顺序与教材一致。

本习题集的习题量略多于教学所需的分量,以便教学中有选择的余地,同时也可对不同程度的学生因材施教。

本习题集全部采用新颁布的建筑制图国家标准。

参加本习题集编写工作的有李娟(第一章习题)、龚伟(第二章、第四章、第六～八章、第十一章习题)、魏蔚(第三章、第五章习题)、陈素维(第九章、第十章习题)、张彬(第十二章习题)。全书由龚伟主编并负责统稿。

限于我们的业务水平和教学经验,不妥之处恳切希望使用本习题集的教师和读者批评指正。

编　者

2015 年 5 月

目　　录

1-1 字体练习。

建筑制图民用房屋东西南北中平立剖面设计说明基

墙梁柱档板楼梯框架承重结构门窗阳台雨蓬勒脚散

坡洞沟槽材料钢筋混凝土砂石灰浆给水排计暖气基

建筑屋面油毡防水层豆石保护找平隔热挂瓦顺水检查顶棚天窗伸缩

平立剖断楼梯间天沟结构施工图厕所浴室详图符号构件截保护吊车

长安大学基础楼面圈梁勒角门窗钢筋混凝土雨水管采光通风高层房

框架走道空心板定位轴线预应力比例潮湿石子大放脚顺序编号荷载

A B C D E F G H I J K L M N O P Q R S T U V W X Y

a b c d e f g h i j k l m n o p q r s t u v w x y

1 2 3 4 5 6 7 8 9 0 I V X Ø *0 1 2 3 4 5 6 7 8 9 I V*

1-2 按所给比例标注尺寸(从图中量取，并取整数)。

(1) 1:10

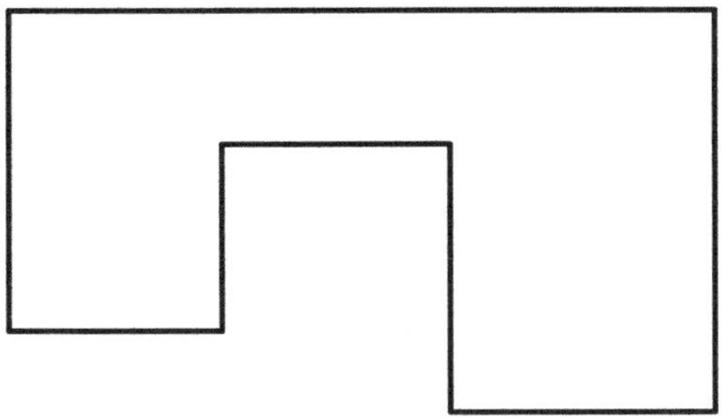

(2) 1:1

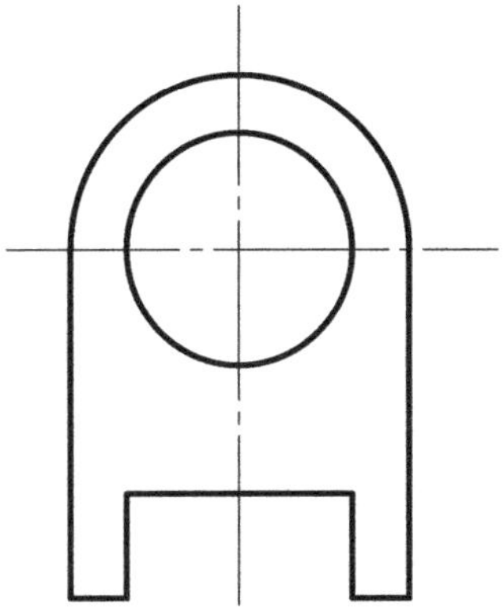

(3) 1:20

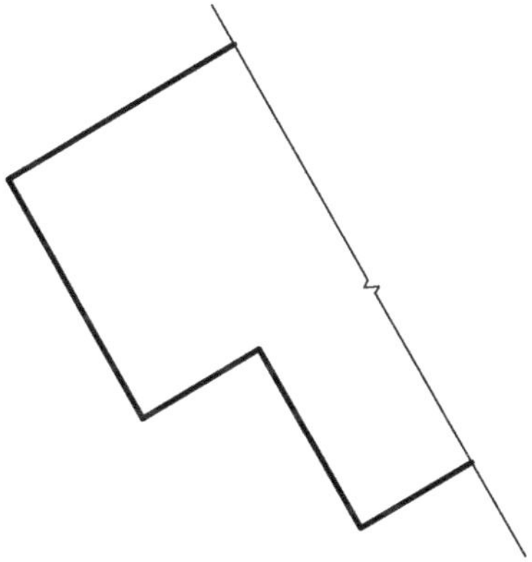

(4) 1:1

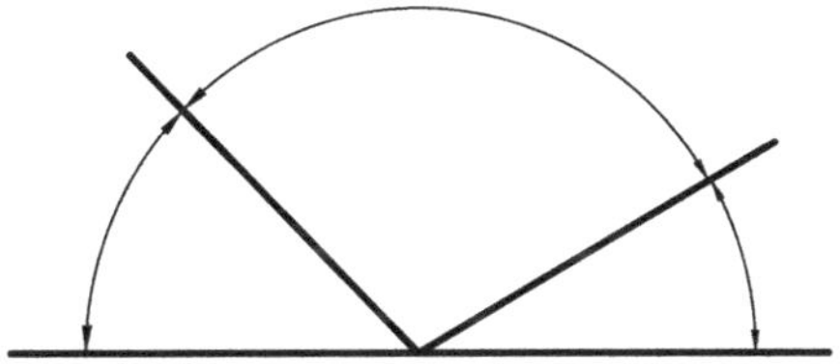

1-3　按照给定比例抄绘下列各图。

(1) 1:2

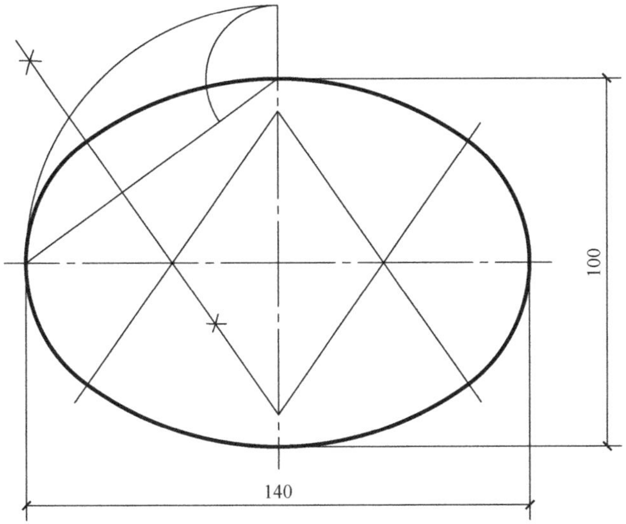

(2) 1:2

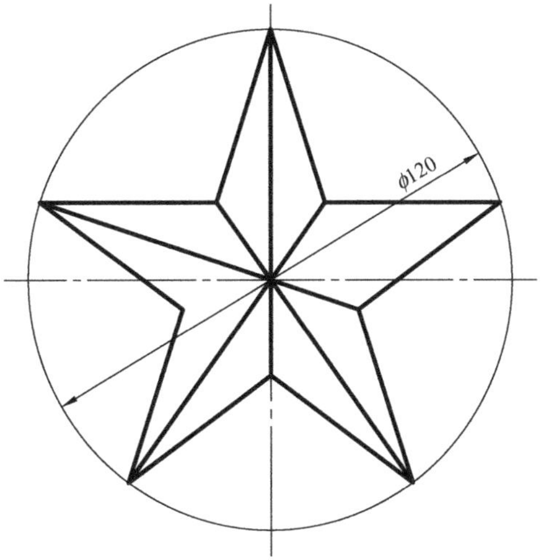

(3) 1:1

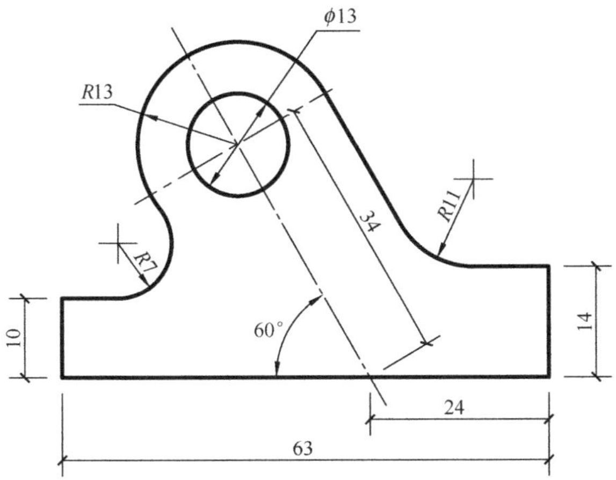

(4) 1:1

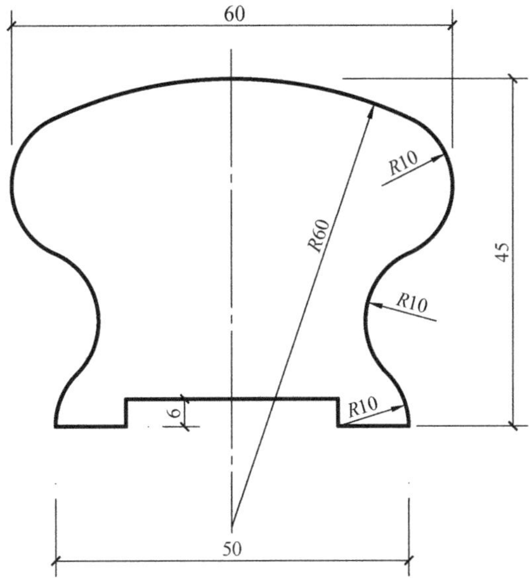

1-4　用A3幅面1:1比例抄绘所给图样。要求线型粗细分明、交接正确，符合国标要求。图名：线型练习。

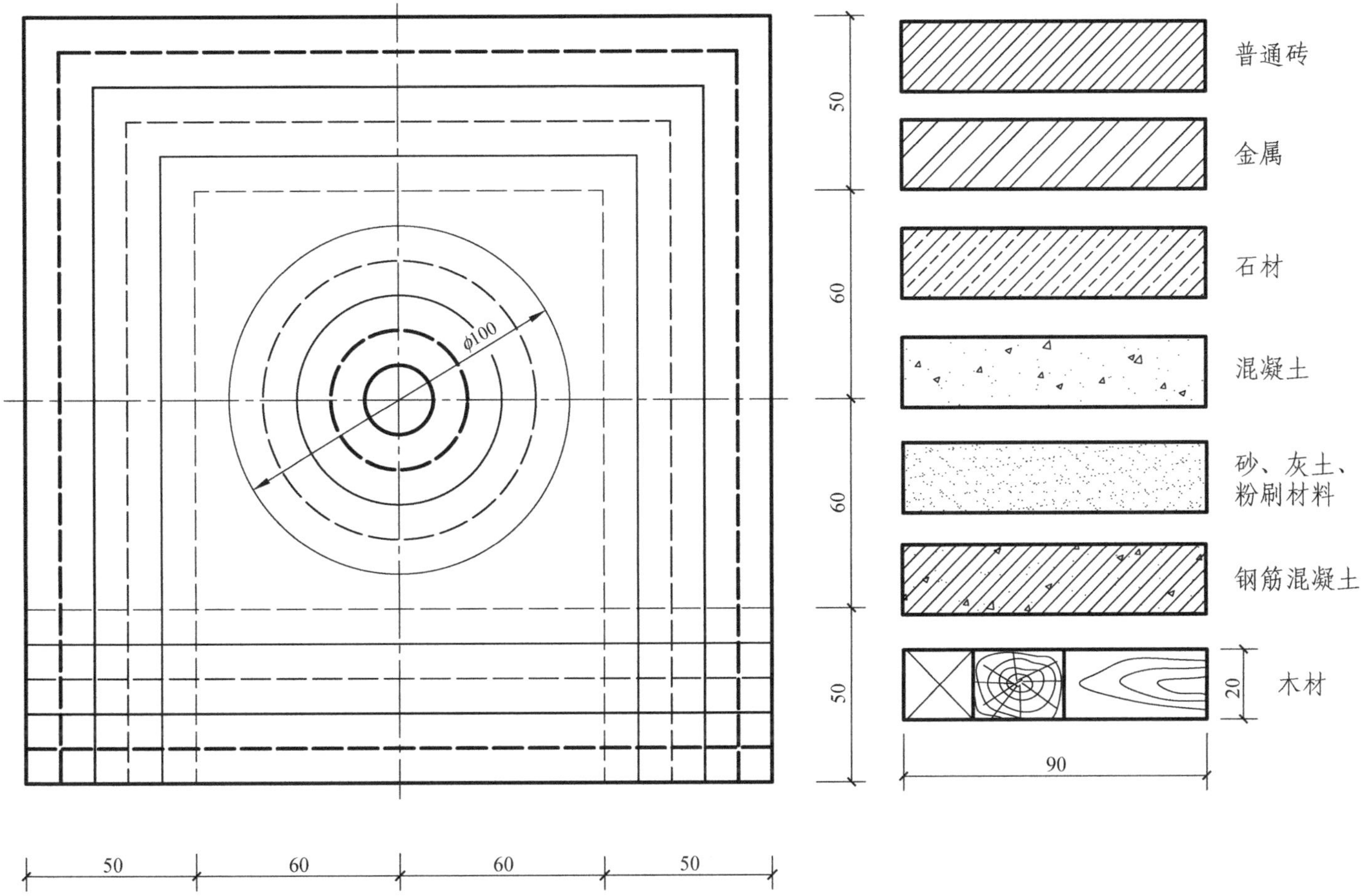

1-5　用A3幅面按所给比例抄绘下列图形，要求连接光滑，交接正确，线型粗细分明。图名：平面图形。

(1) 1∶1

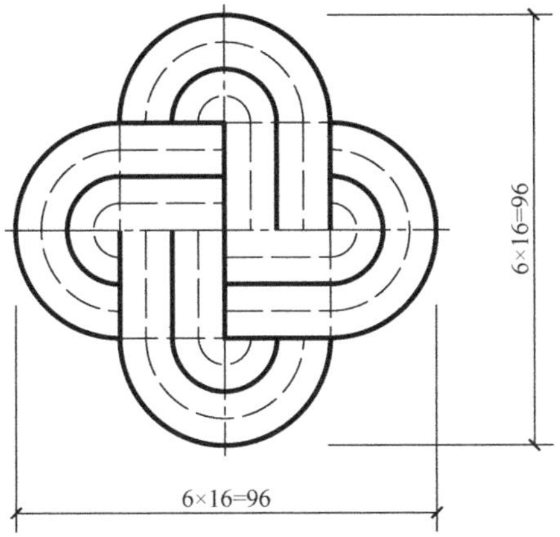

(2) 1∶1

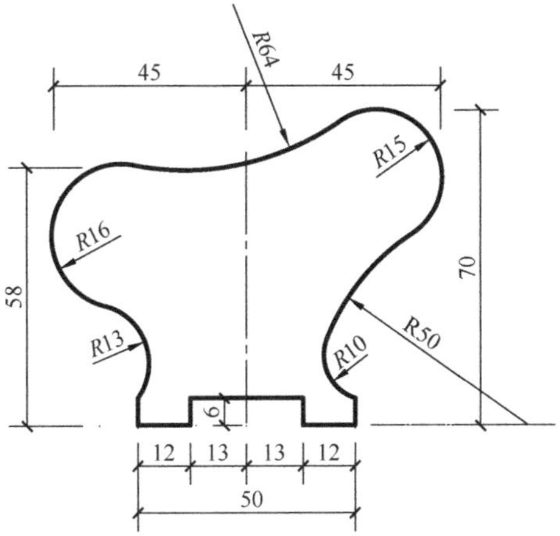

(3) 1∶20

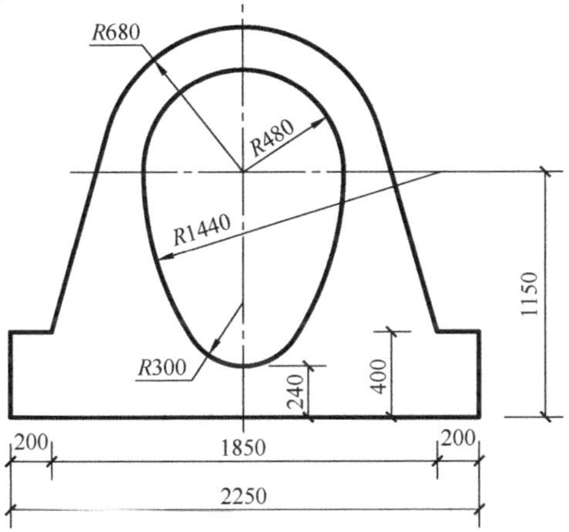

(4) 1∶10

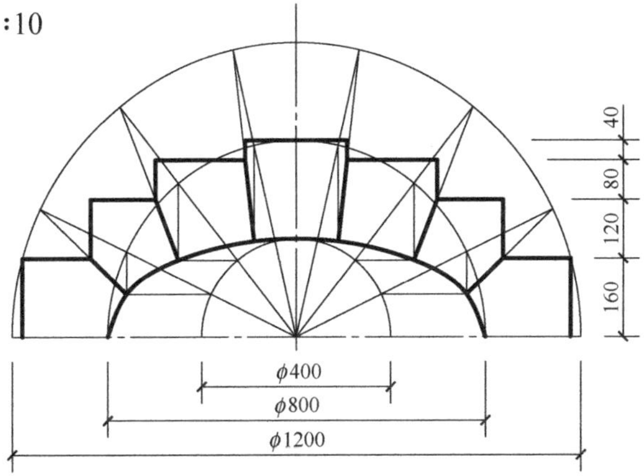

2-1 根据立体图找投影图。

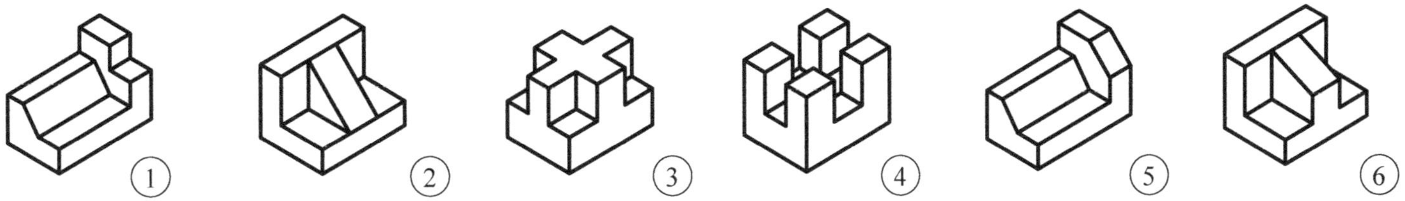

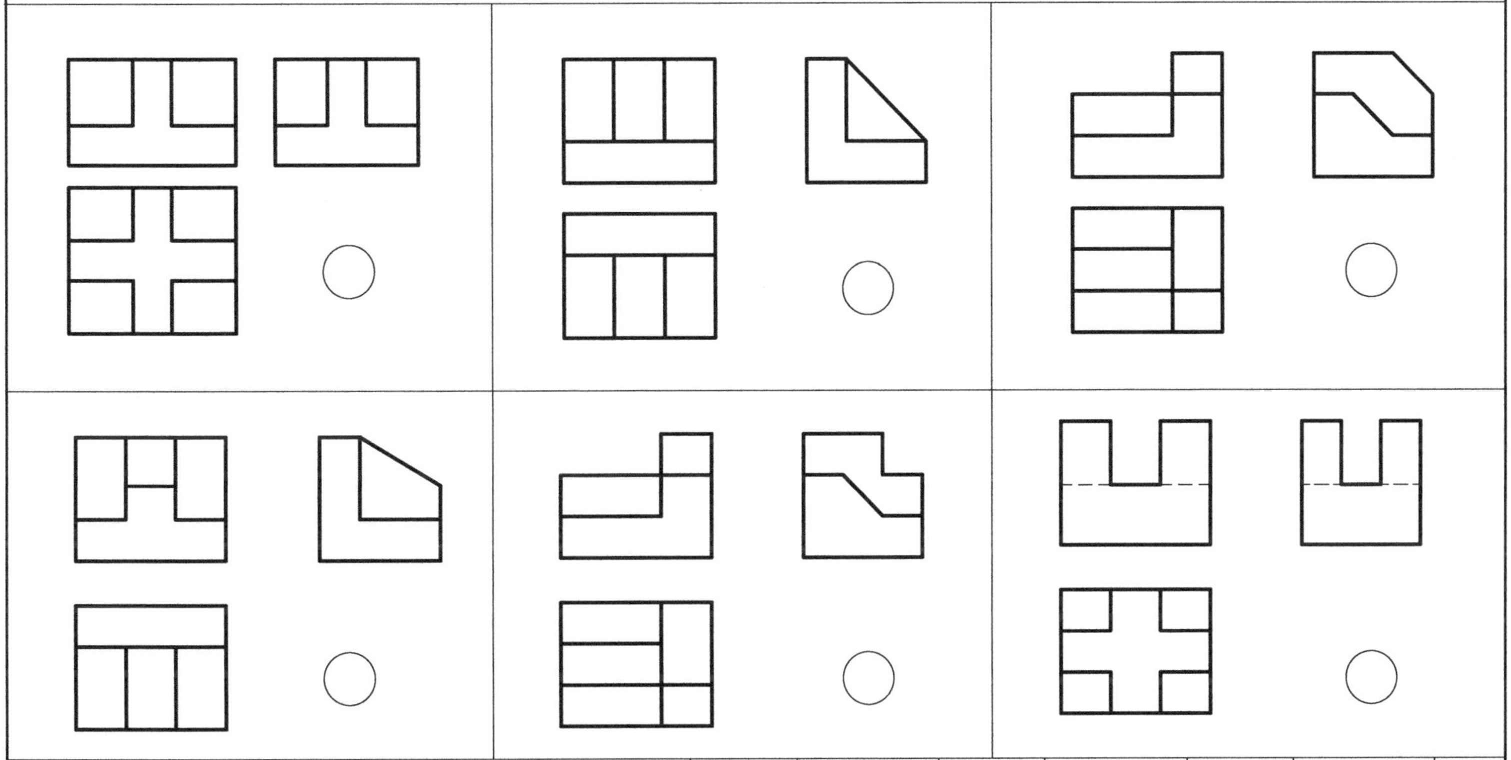

2-2　根据立体图找投影图。

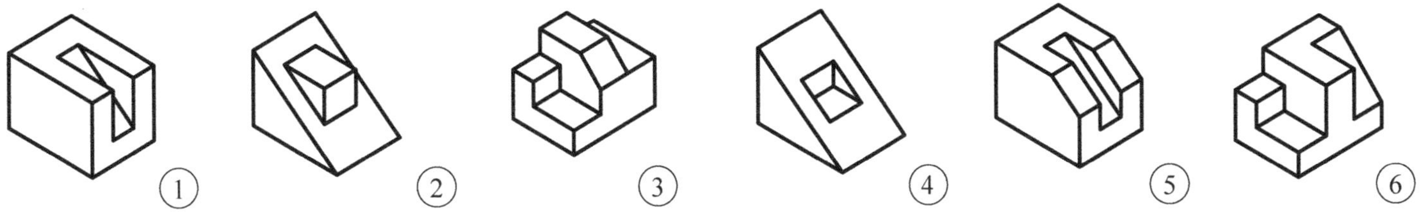

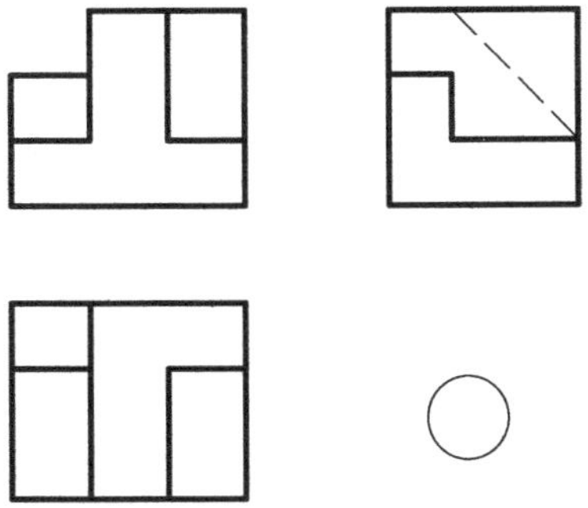

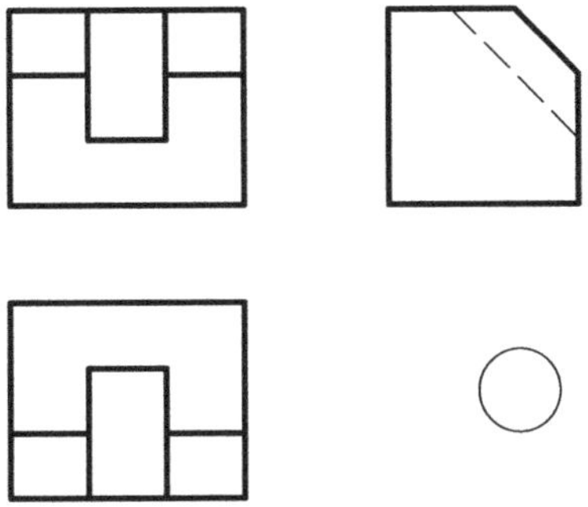

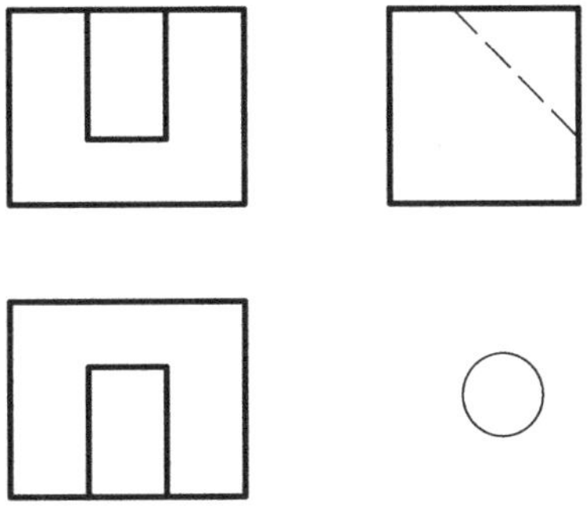

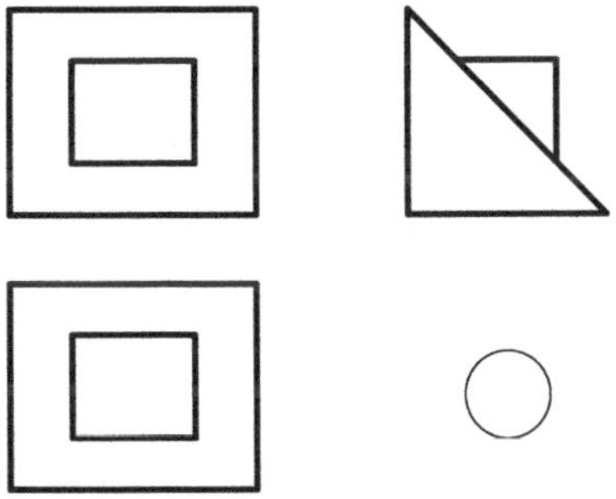

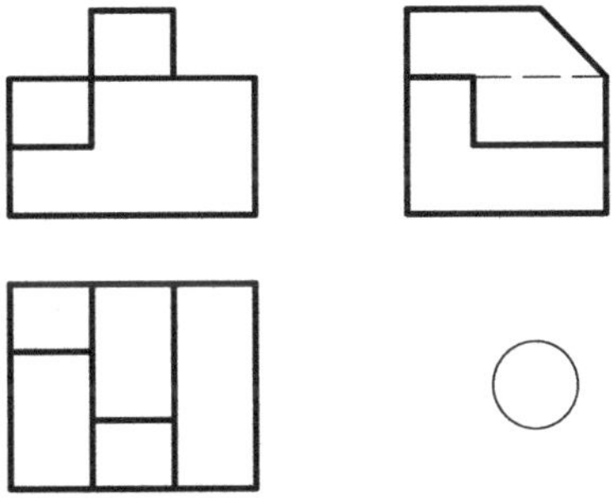

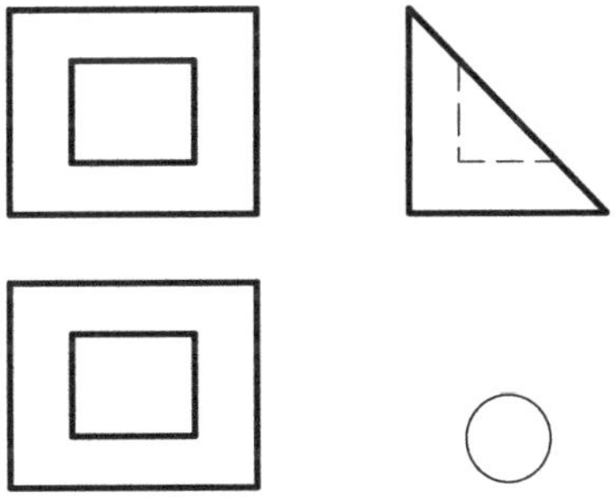

3-1 根据A、B两个点的直观图画出它们的三面投影图。

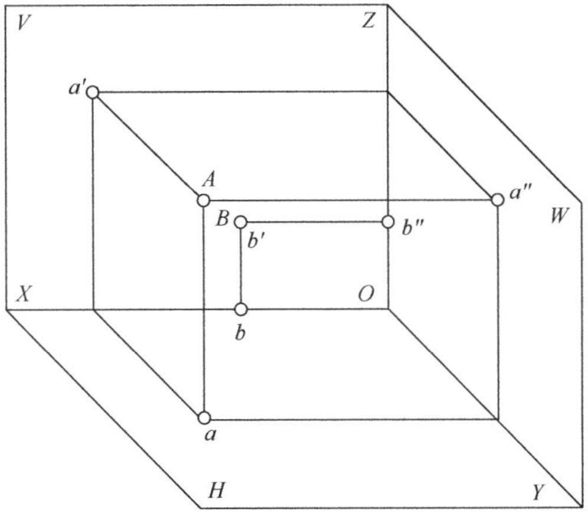

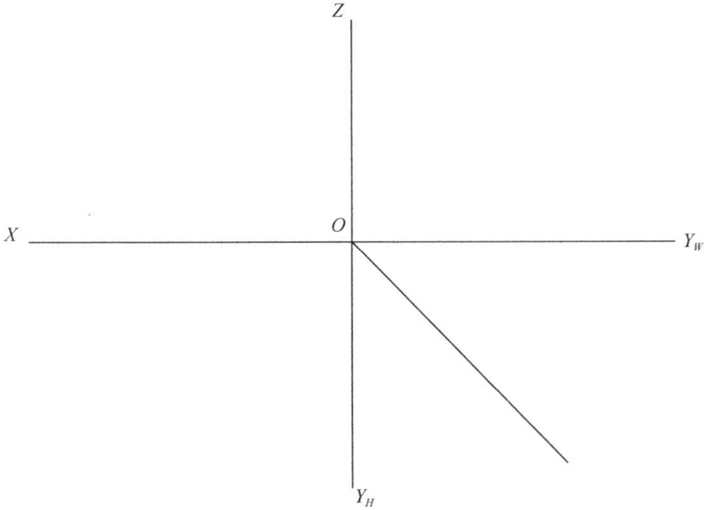

3-2 已知各点的两面投影，补求第三面投影。

(1)

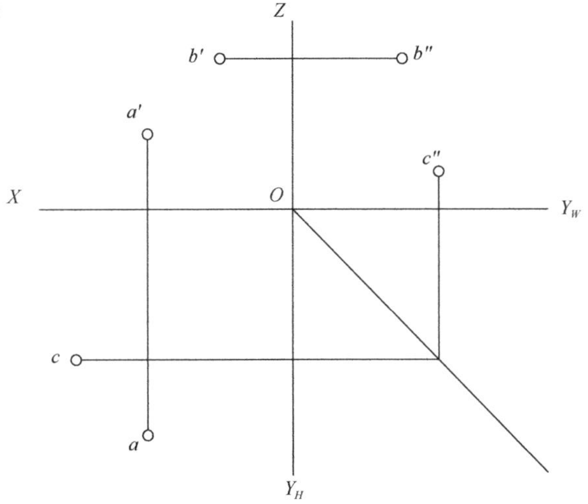

(2)

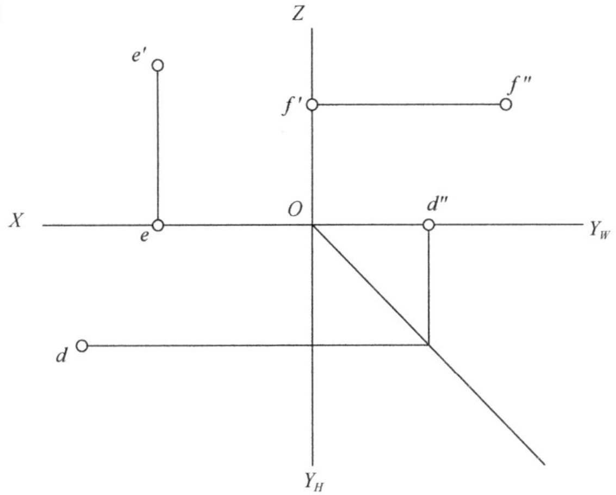

3-3 已知$A(20, 25, 20)$，$B(25, 15, 0)$，$C(30, 0, 10)$，作出它们的三面投影。

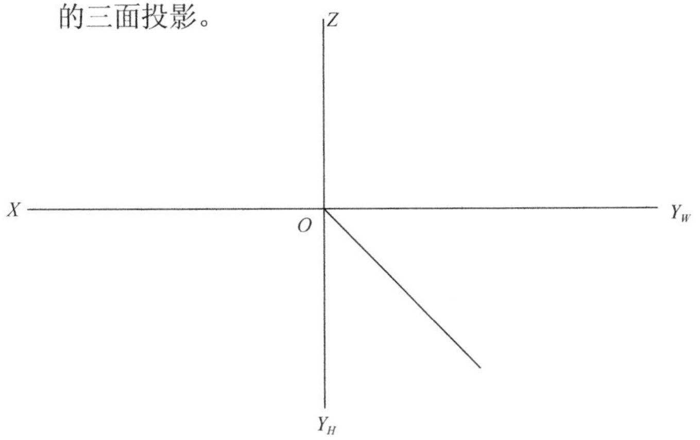

3-4 已知A点的投影，求作B点的投影。B点在A点左10mm、前5mm、上10mm。C点在A点右15mm、后5mm、下5mm。

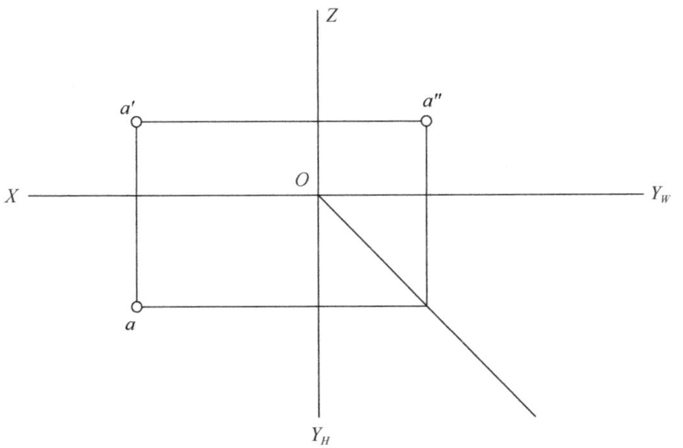

3-5 比较A、B两点的相对位置。

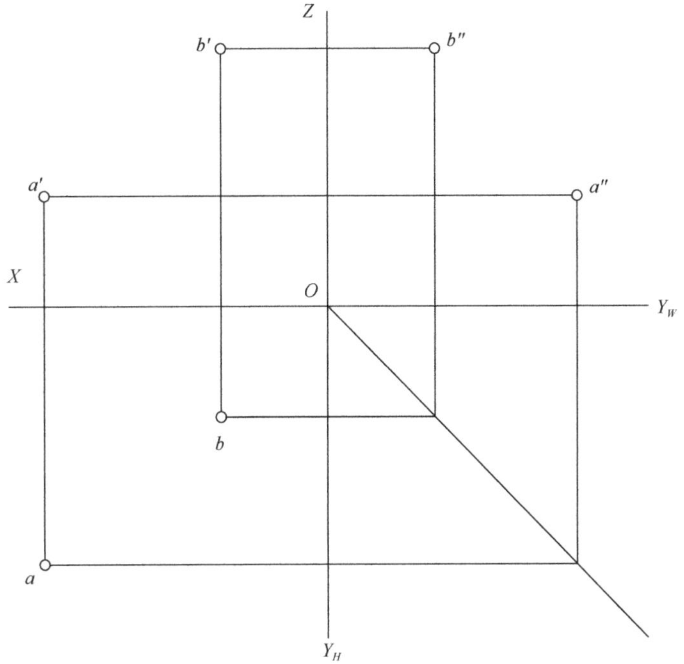

_____点在左，_____点在右

_____点在前，_____点在后

_____点在上，_____点在下

3-6　在形体的三面投影上，标出A、B两点的投影位置，补出C、D两点所缺投影，并在立体图上标出C、D两点的位置。

(1)

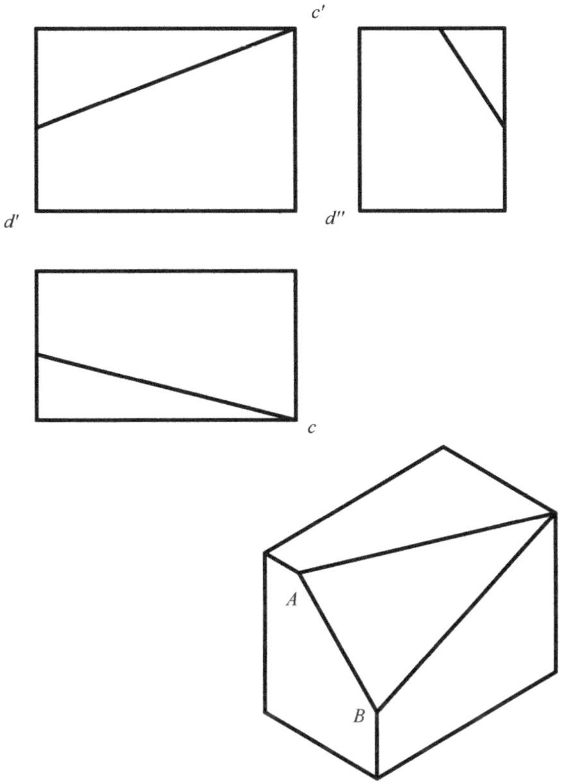

(2)

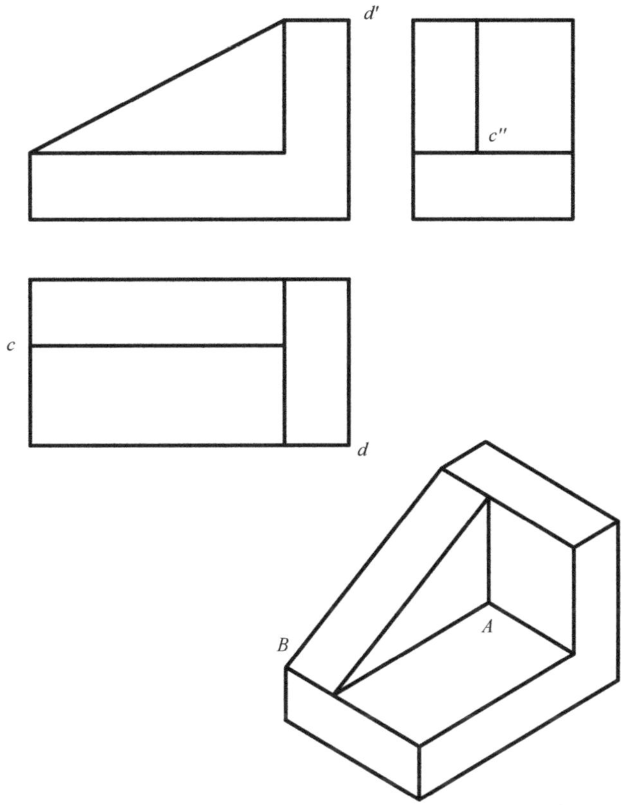

3-7 求直线的第三投影,并判断其对投影面的相对位置。

(1)

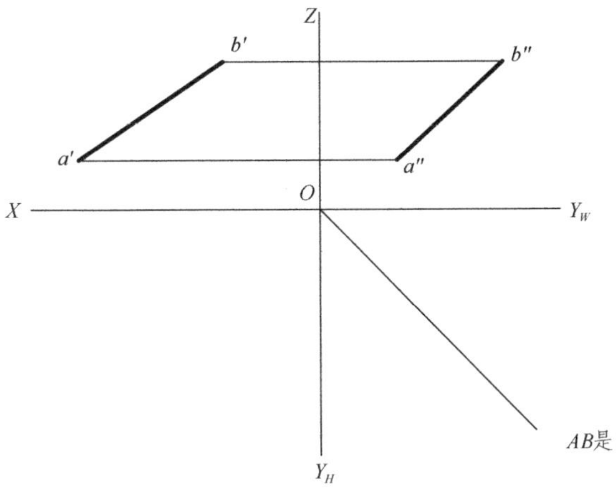

AB是(　　　　)线

(2)

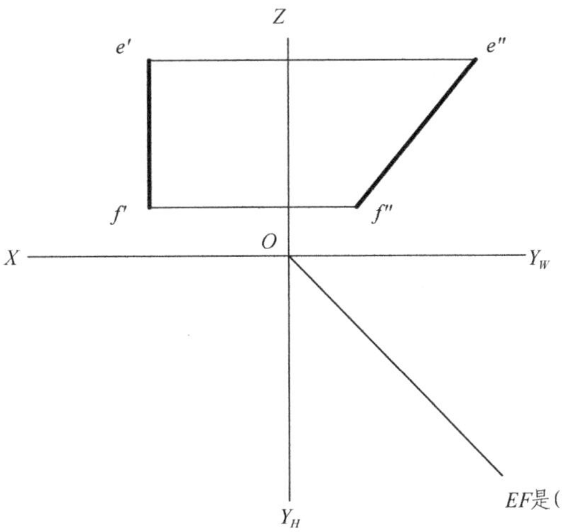

EF是(　　　　)线

(3)

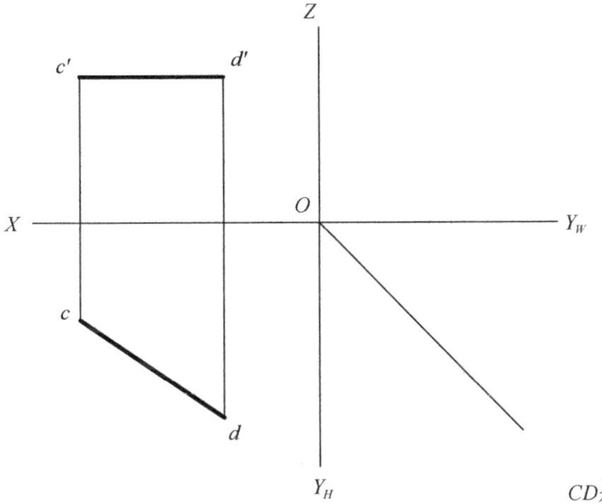

CD是(　　　　)线

(4)

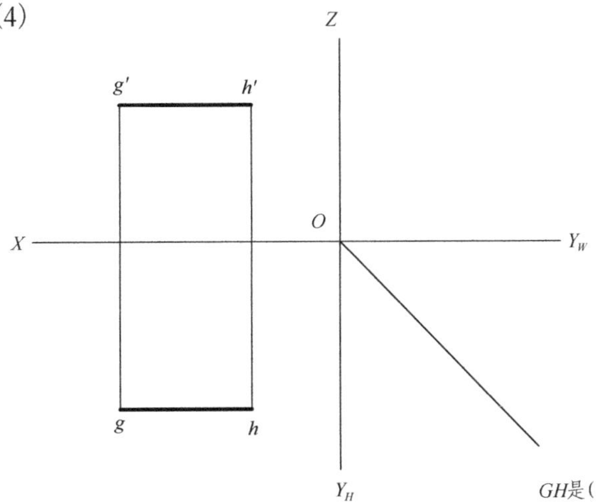

GH是(　　　　)线

3-8 在直线AB上取C点，使AC∶CB=3∶2。

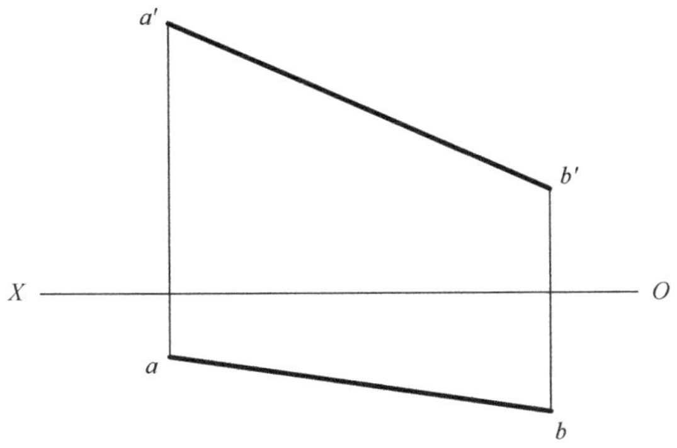

AB是______线

3-9 已知AB直线与H面夹角成30°，求直线AB的V、H面投影，并判断其对投影面的相对位置。

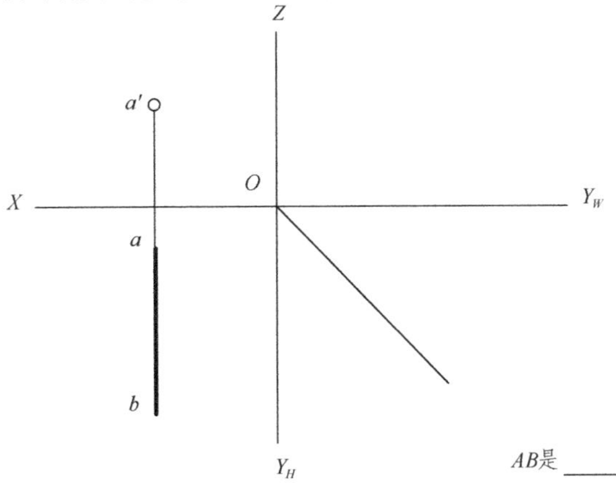

AB是______线

3-10 求直线AB上C点的H面投影(用两种方法)，并判断其对投影面的相对位置。

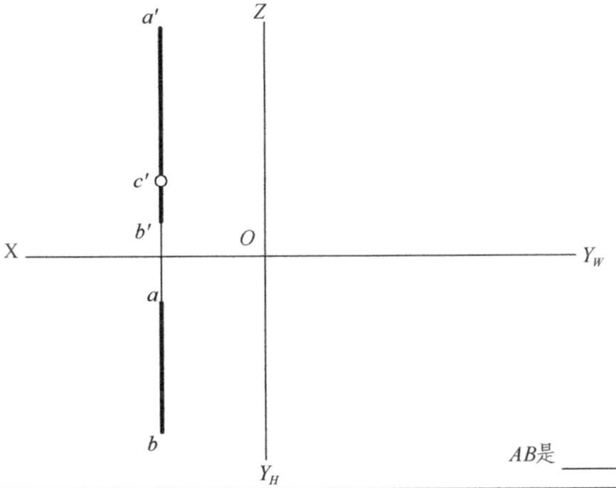

AB是______线

3-11 已知直线CD的一端点C距V面10mm且与V面夹角30°，求其余投影并判断其位置。

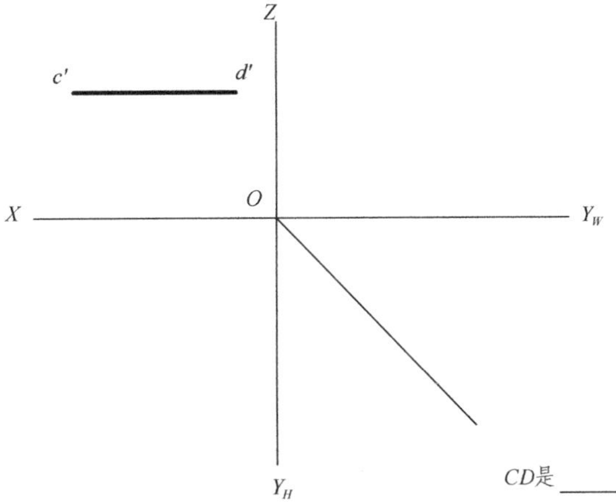

CD是______线

3-12　判断下列两直线的相对位置。

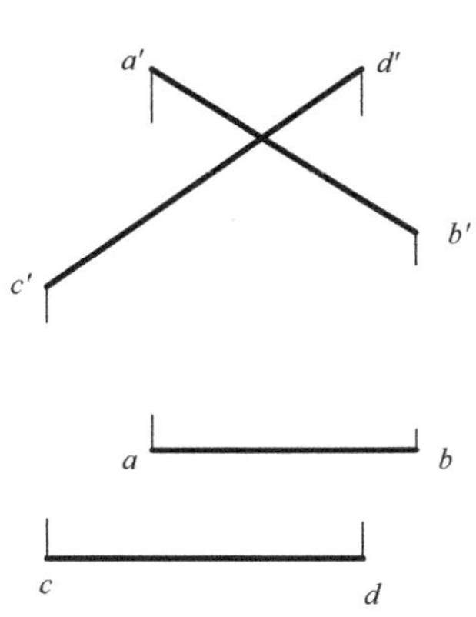

两直线 ________

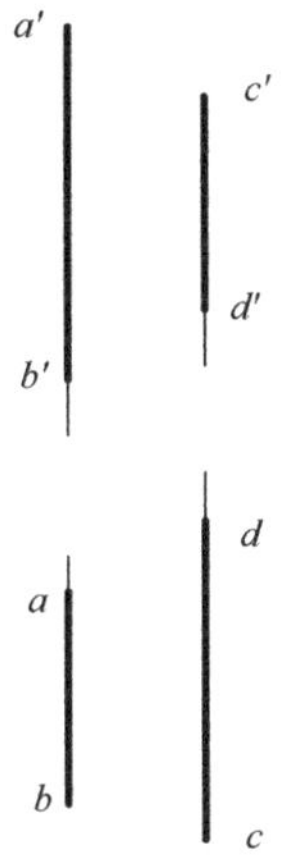

两直线 ________

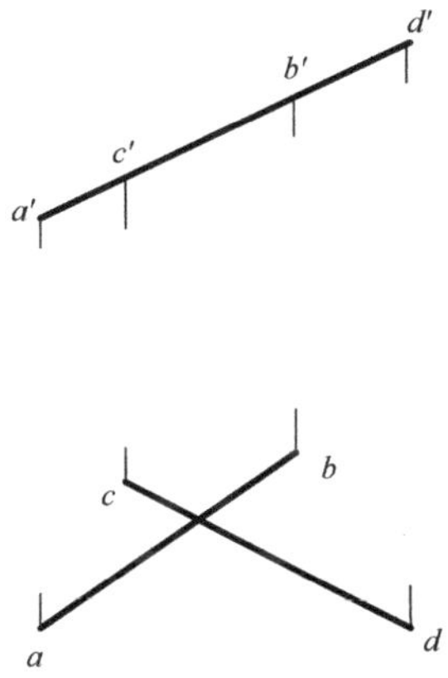

两直线 ________

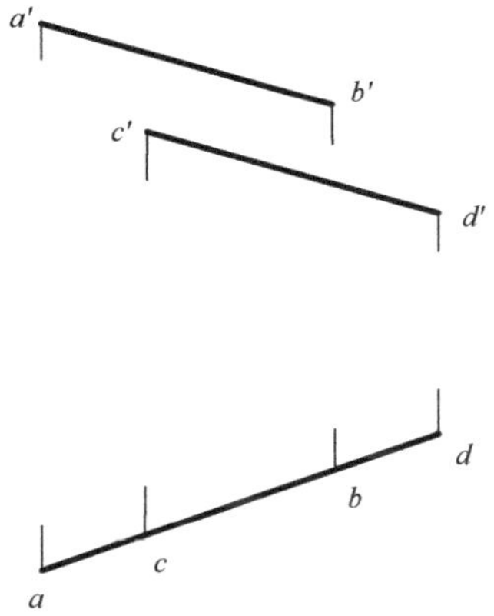

两直线 ________

3-13　作出交叉两直线的重影点的投影。

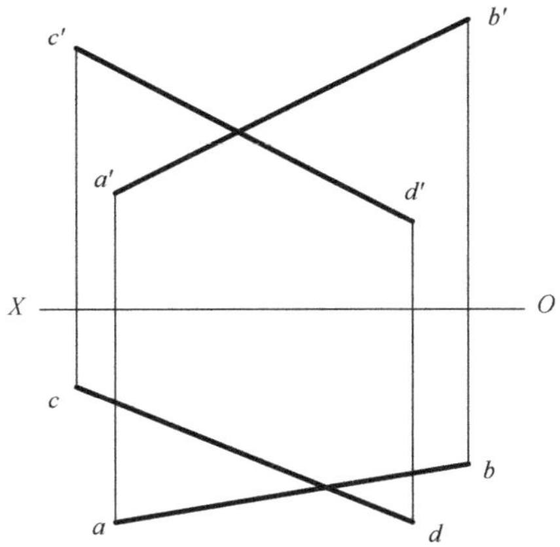

3-14　过A点分别作水平线AB和正平线AC与MN直线相交。

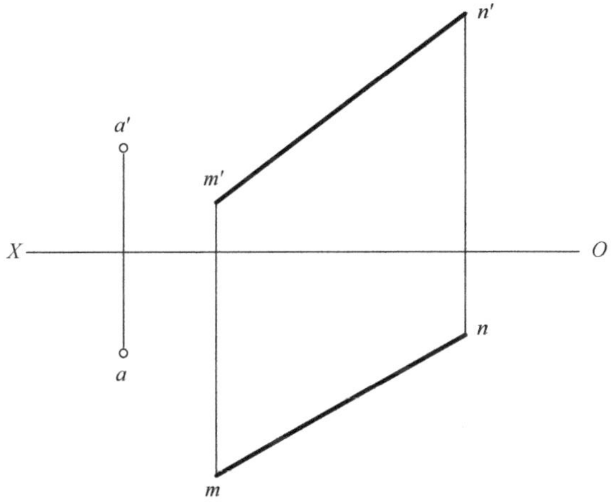

3-15　作直线*MN*，使它与直线*AB*平行，并与直线*CD*、*EF*都相交。

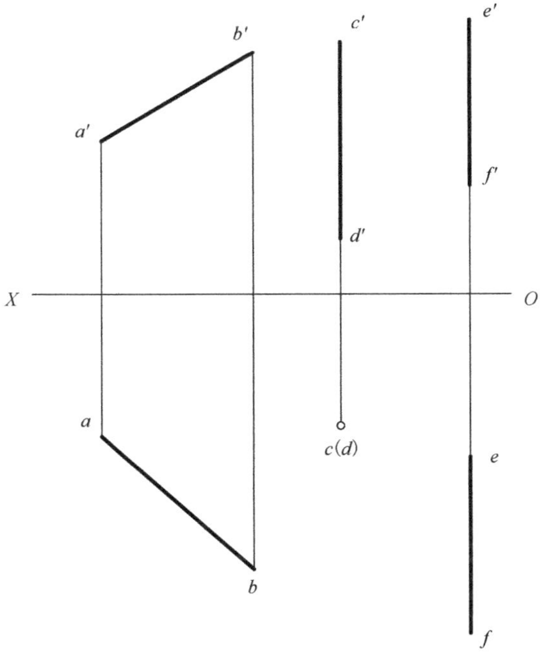

3-16　已知*AB*∥*H*面，β=45°，*B*在*A*左后方的*V*面上。完成*AB*的三面投影。

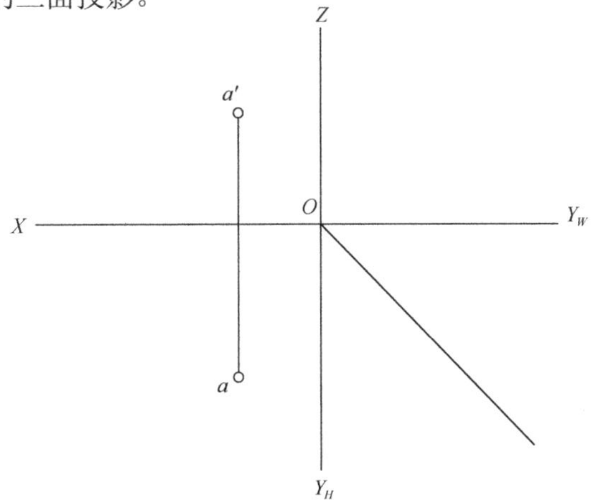

3-17　已知*AB*∥*V*面，γ=30°，*AB*=25mm，点*B*在点A的左上方。完成*AB*的三面投影。

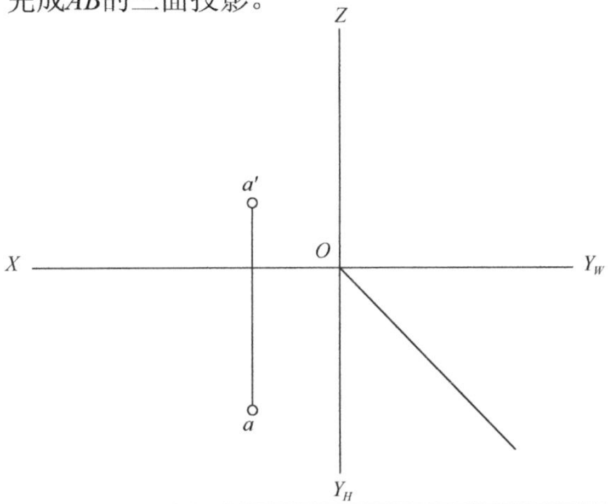

3-18　在形体的投影图上，标出直线的三个投影，并说明其对投影面的相对位置(参照立体图)。

(1)

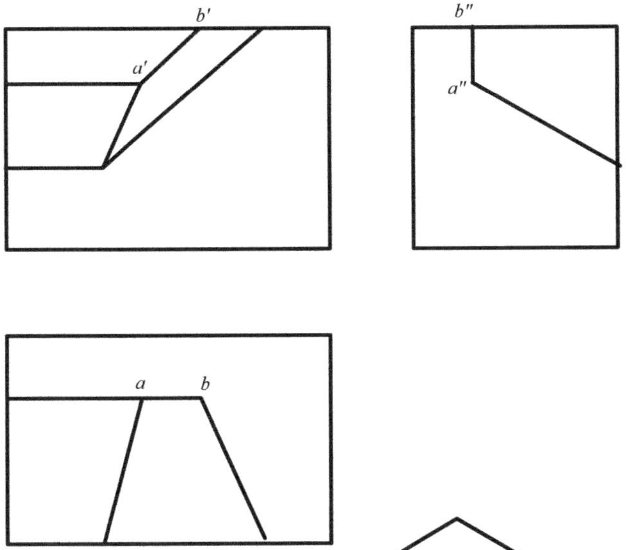

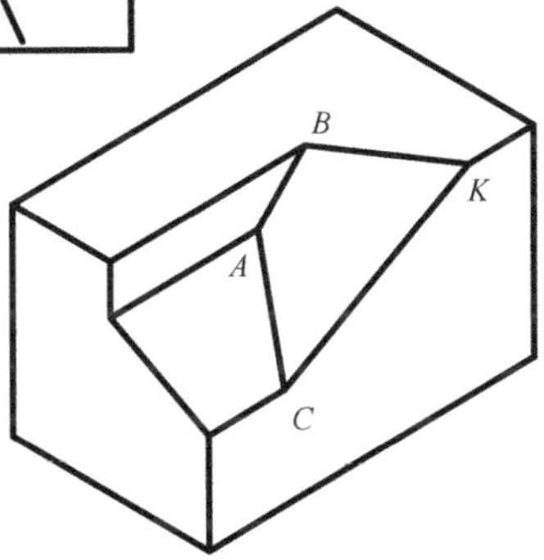

AB是________线

BK是________线

AC是________线

(2)

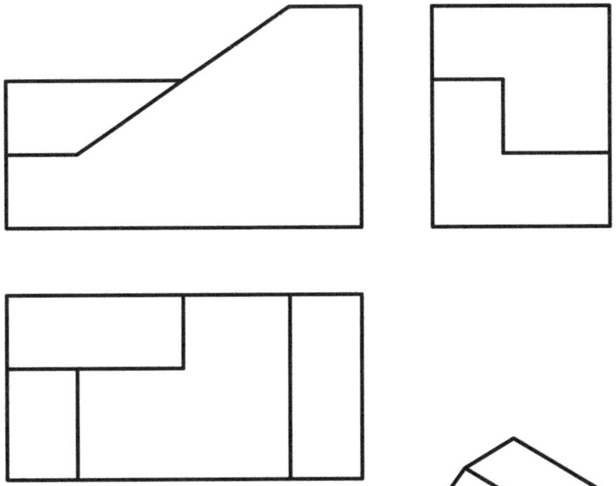

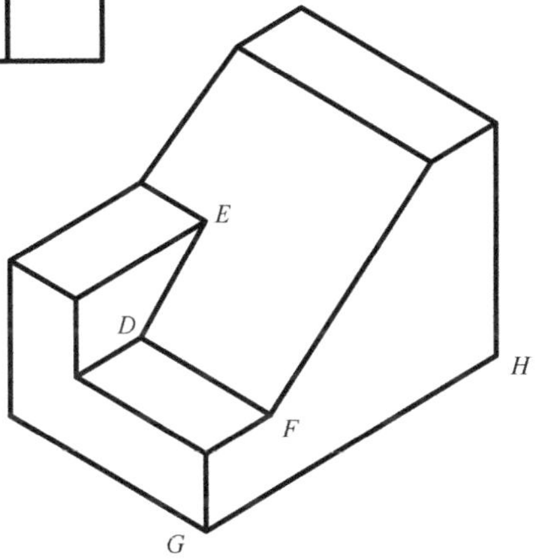

DE是________线

DF是________线

GH是________线

3-19 补画各平面图形的第三投影，并填写它们是何种位置平面。

(1)

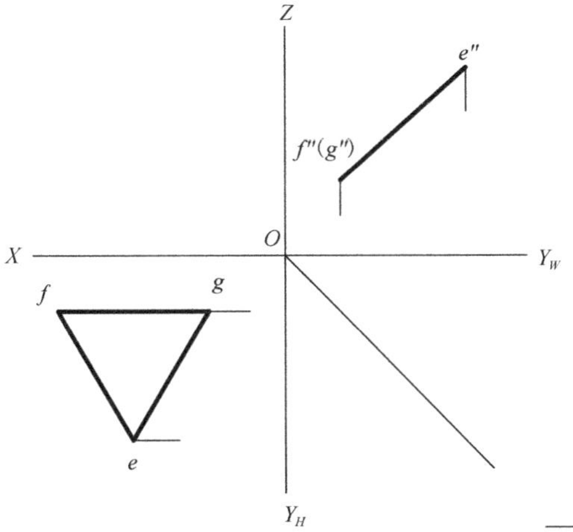

______面

(2)

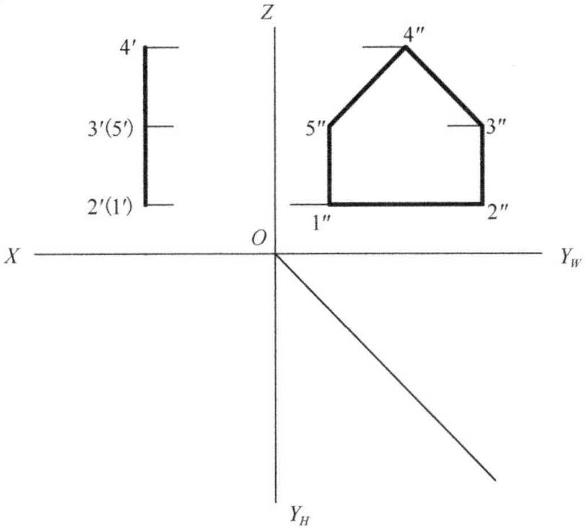

______面

(3)

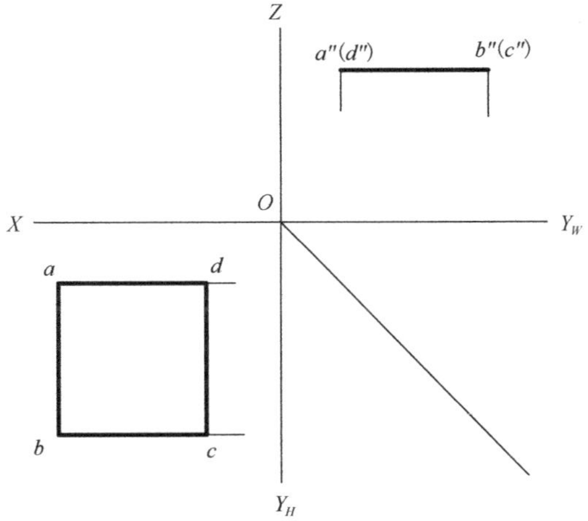

______面

(4)

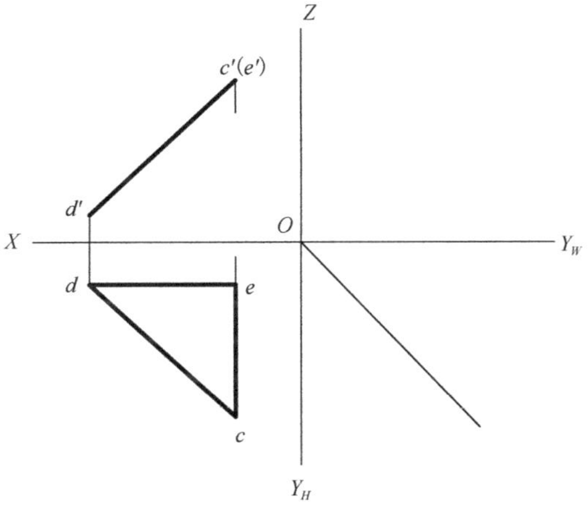

______面

3-20　如(1)中的平面*A*所示，在投影图中，标出各平面的三个投影，并写出属何种位置平面。

(1)

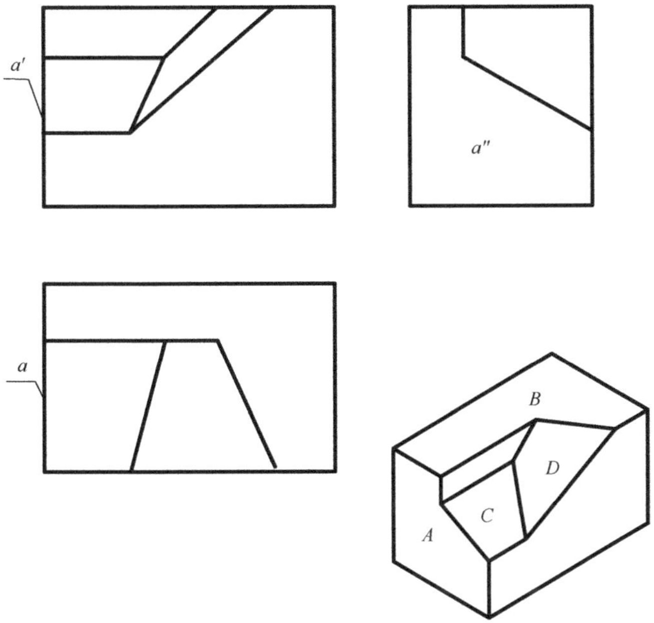

*A*是 ________ 面　　*C*是 ________ 面

*B*是 ________ 面　　*D*是 ________ 面

(2)

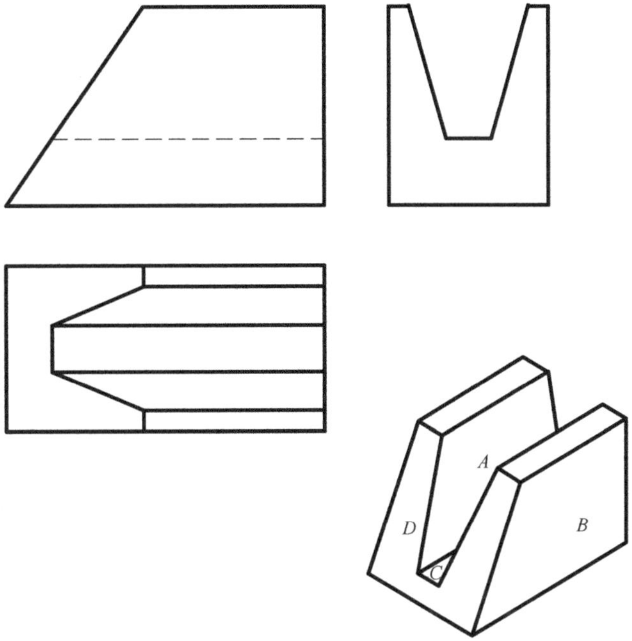

*A*是 ________ 面　　*C*是 ________ 面

*B*是 ________ 面　　*D*是 ________ 面

3-21 判断M、N两点是否在ABC平面上。

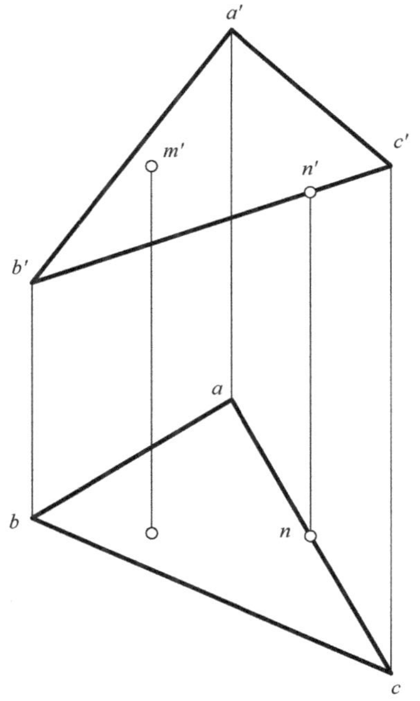

3-22 已知M、N两点在ABC平面上，补求它们的第二个投影。

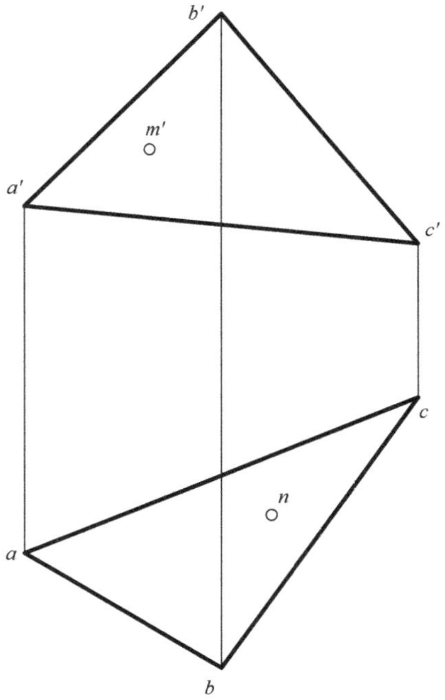

3-23 完成多边形的水平投影。

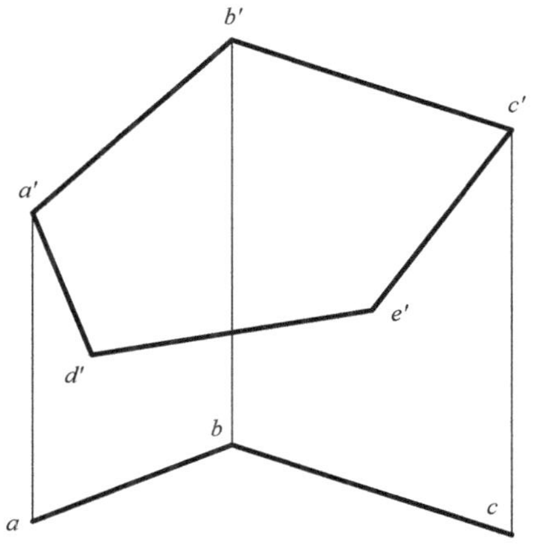

3-24 已知点K至平面ABC的距离KL=20mm，求作KL的两面投影。

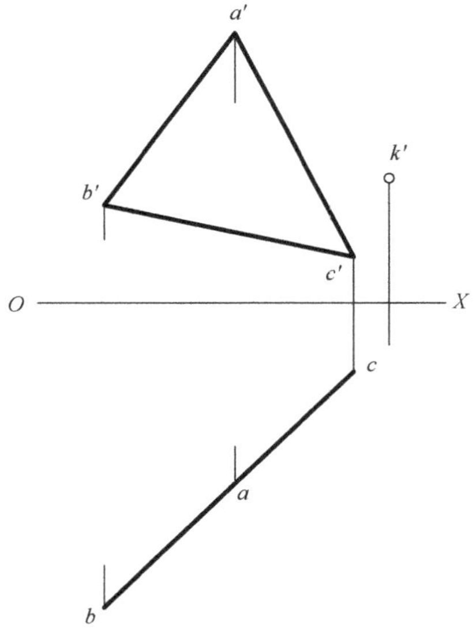

3-25 检查平面与直线、平面与平面是否平行。

(1)

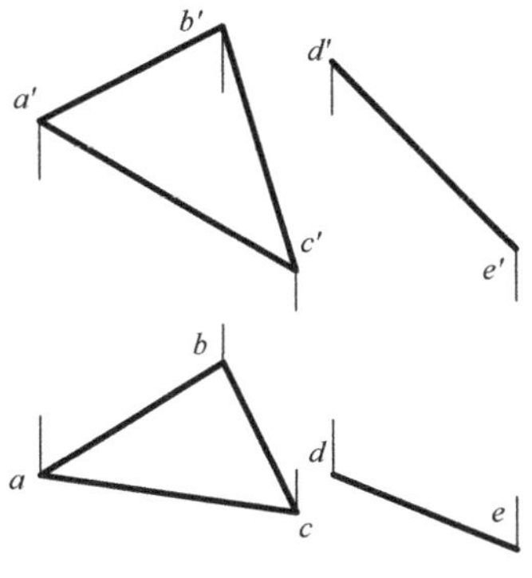

(　　　　)

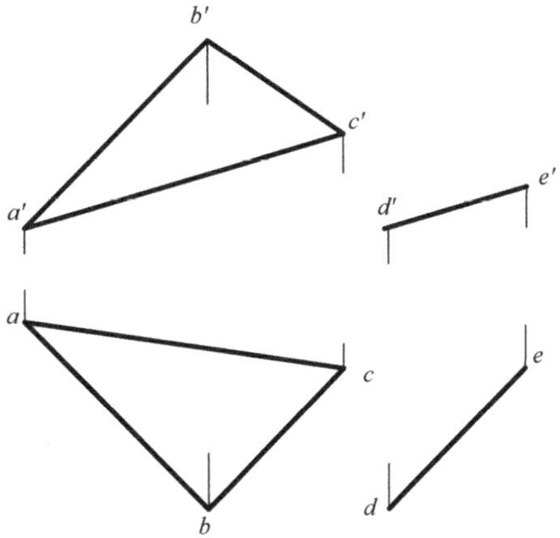

(　　　　)

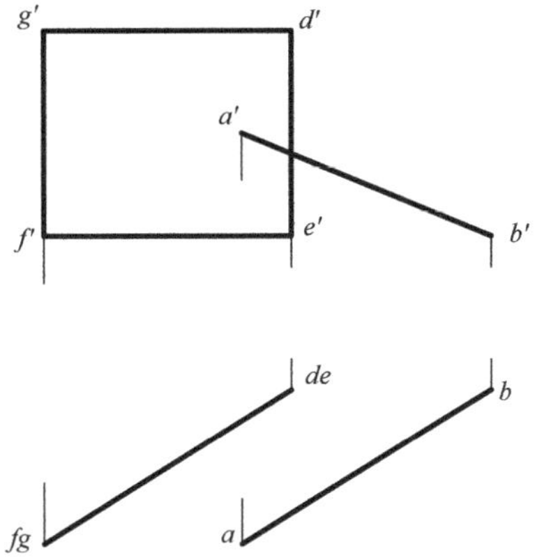

(　　　　)

(2)

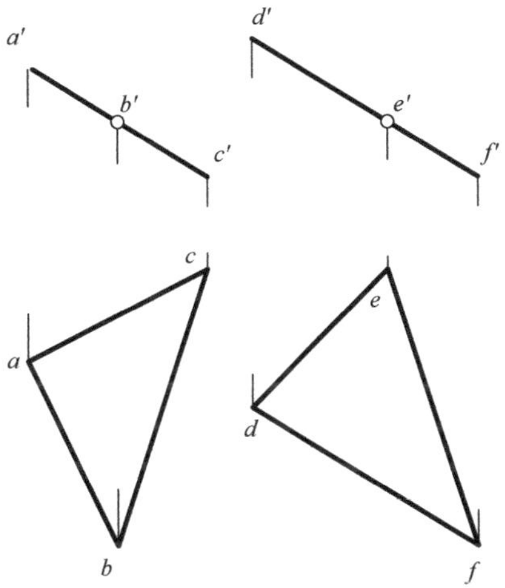

(　　　　)

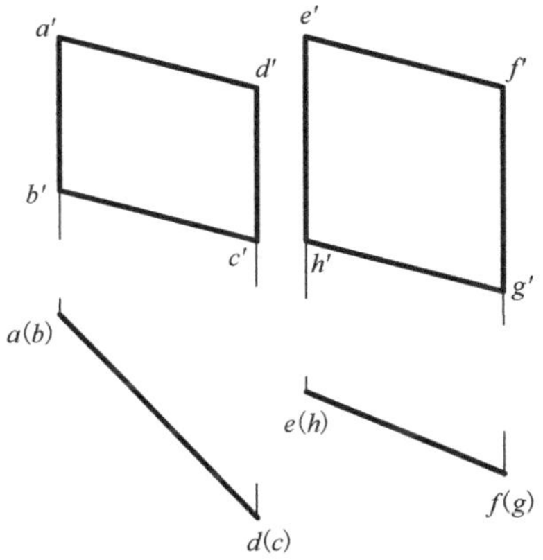

(　　　　)

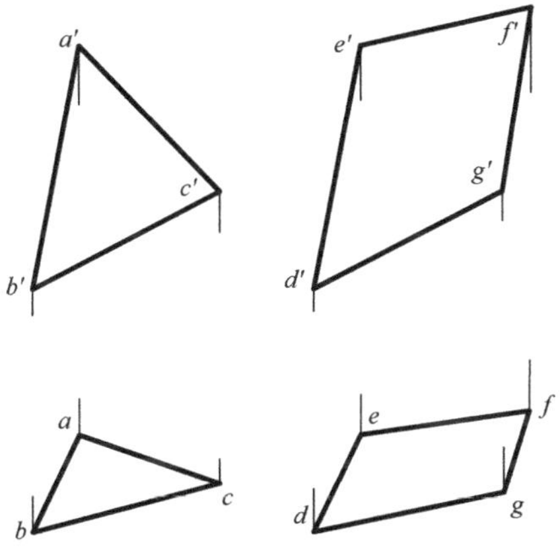

(　　　　)

3-26　过点作直线与平面平行。

(1)作水平线

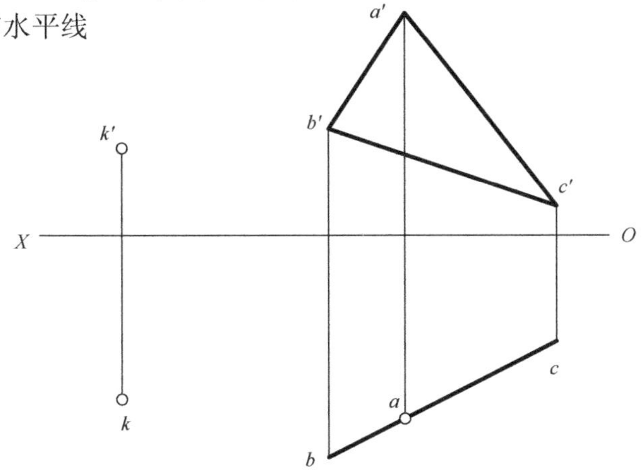

(2)作正平线

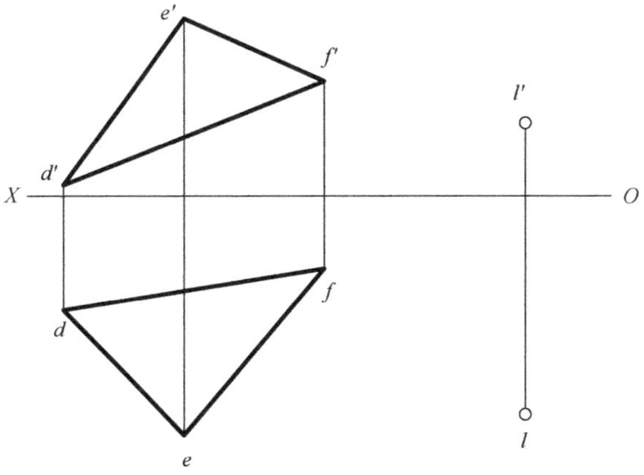

3-27　过点作平面P平行于已知直线。

(1)

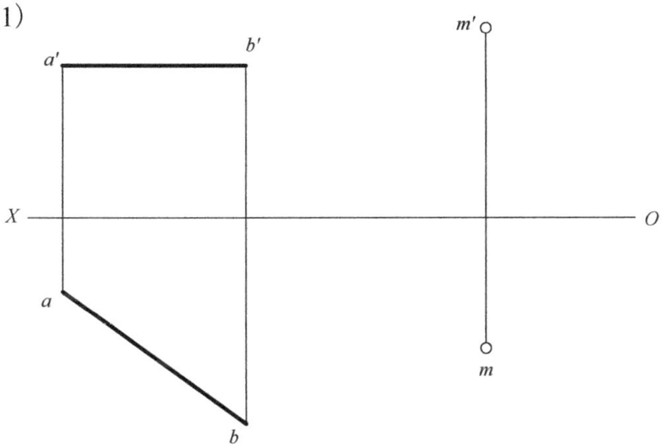

(2)

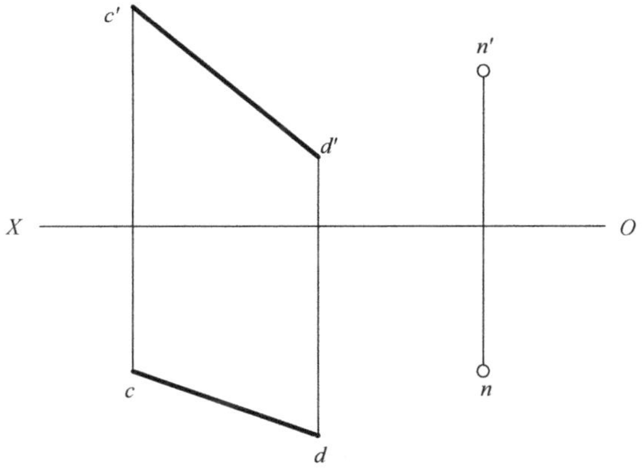

3-28 求直线与平面的交点K的投影，并判断直线的可见性。

(1)

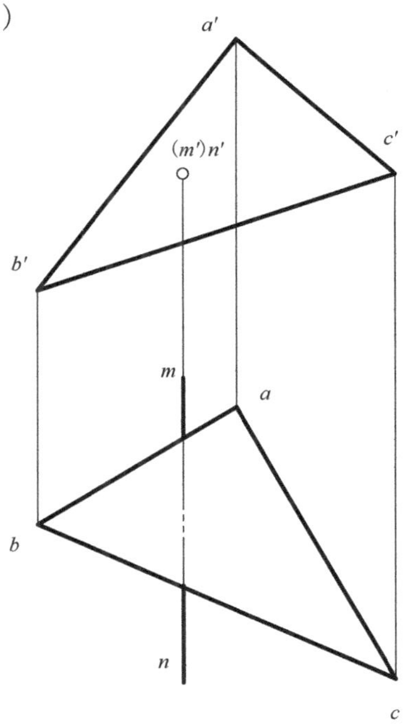

(2)

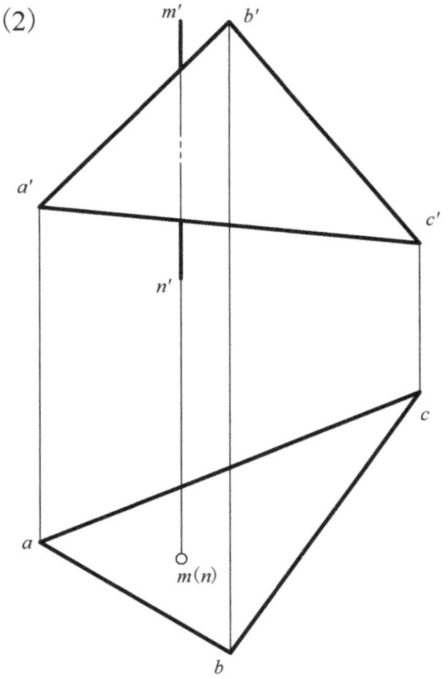

(3)

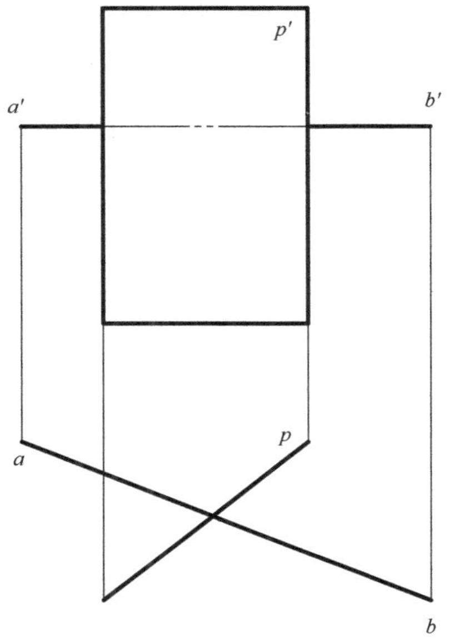

(4)

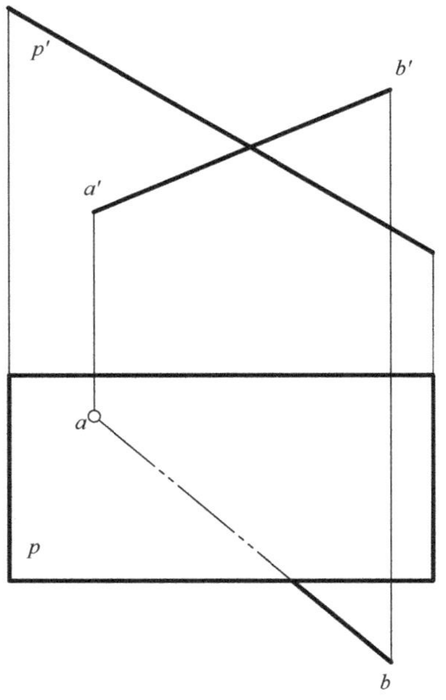

3-29 求两平面的交线MN的投影，并判断可见性。

(1)

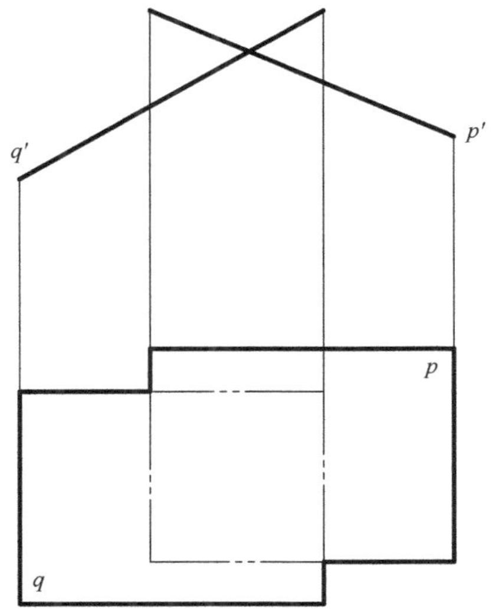

(2)

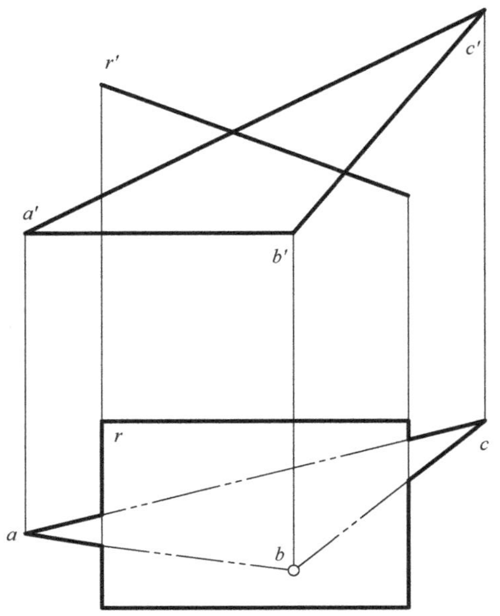

(3)

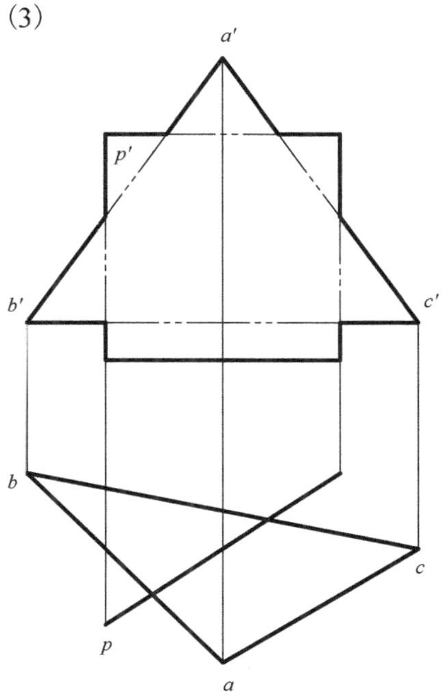

(4)

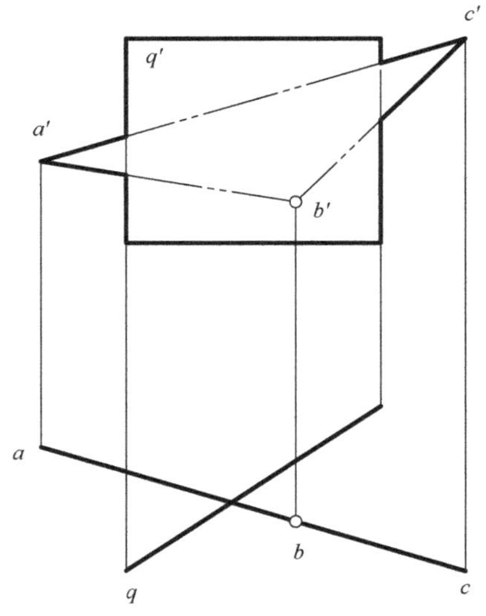

4-1 补画立体的第三投影,并补全各点的投影。

(1)

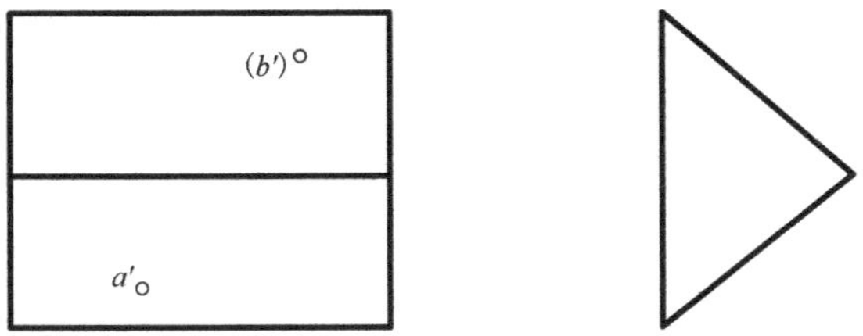

(2)

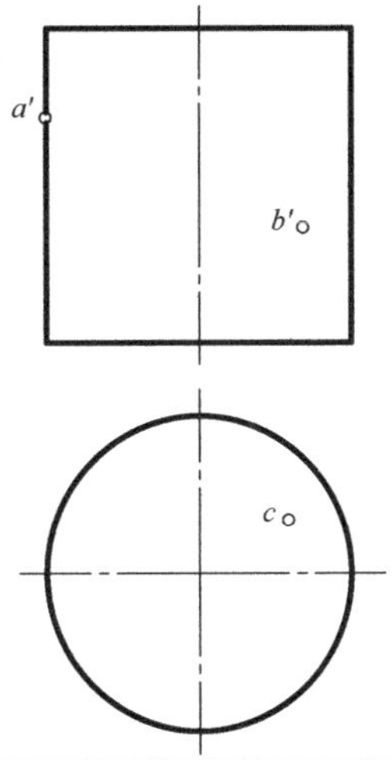

(3)

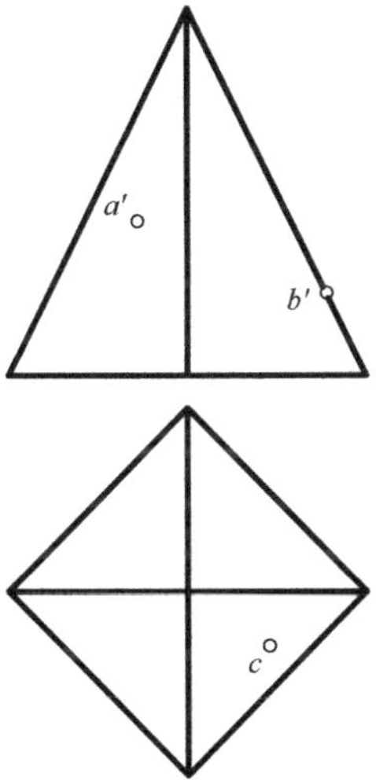

(4)

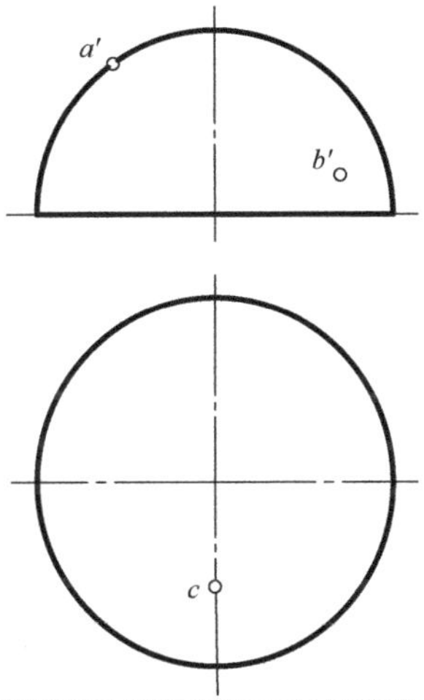

(5)

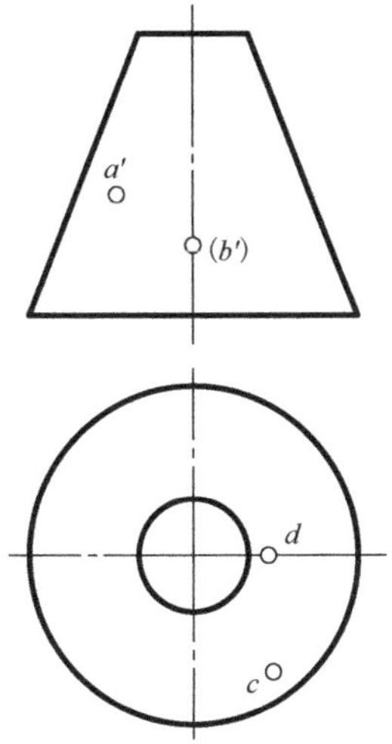

4-2　补画立体的第三投影,并补全立体表面交线的投影。

(1)

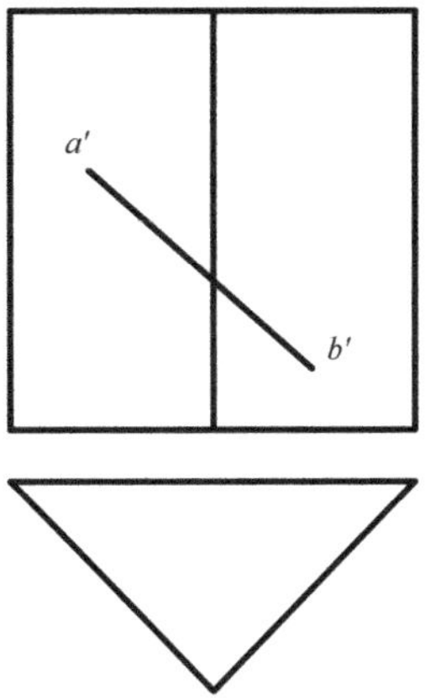

(2)

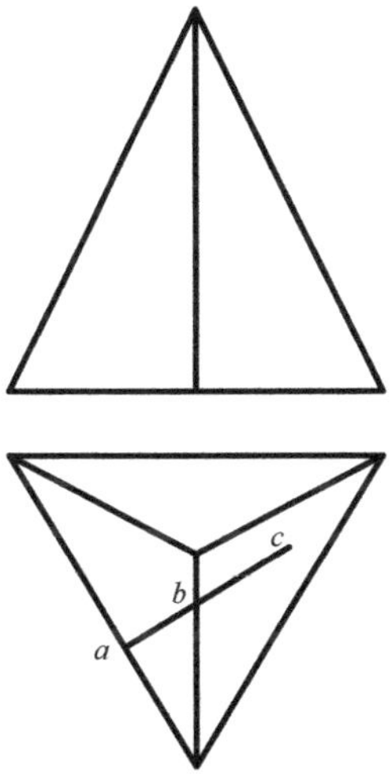

(3)

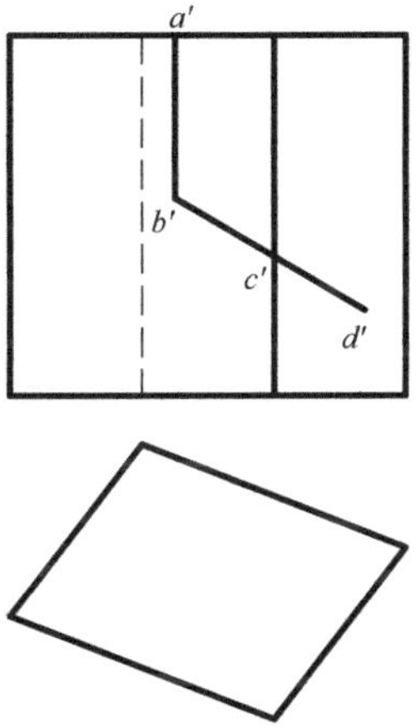

4-3　补画立体的第三投影。

(1)

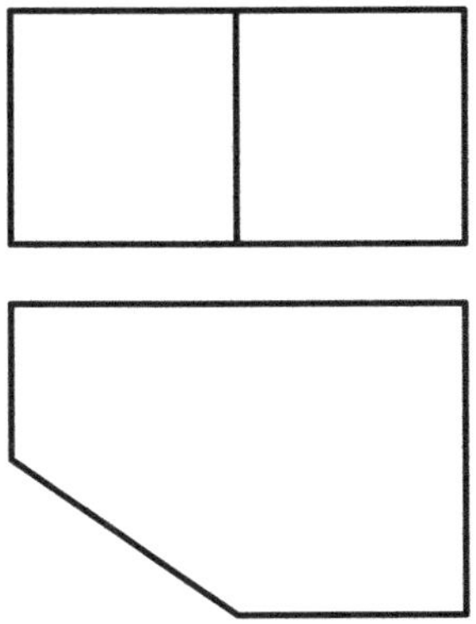

(2)

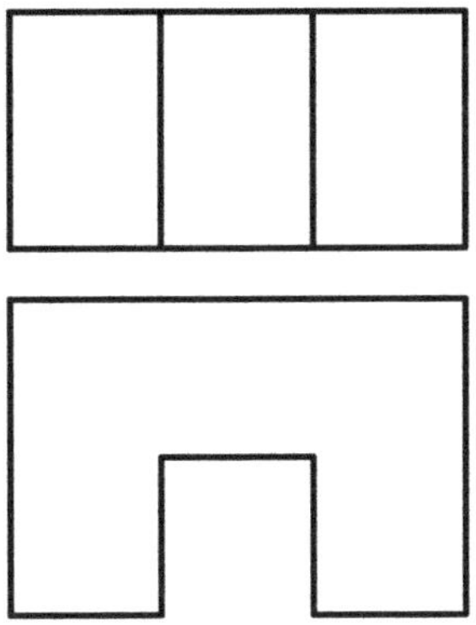

(3)

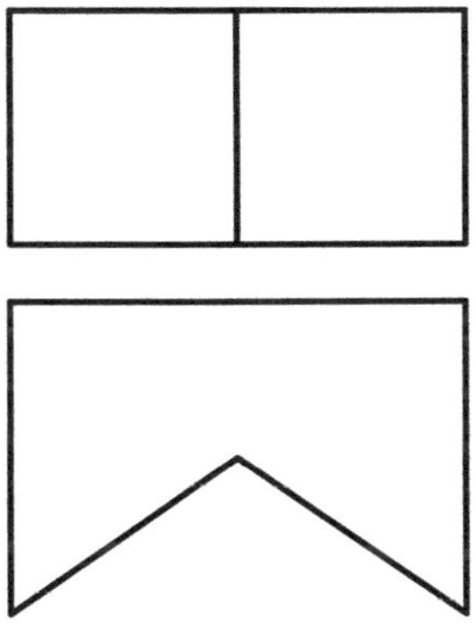

(4)

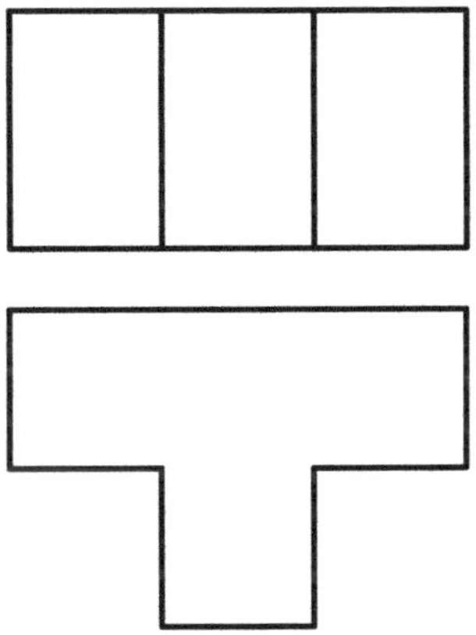

(5)

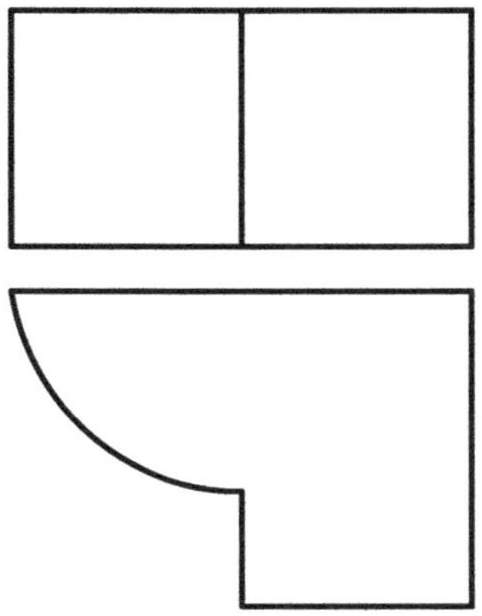

(6)

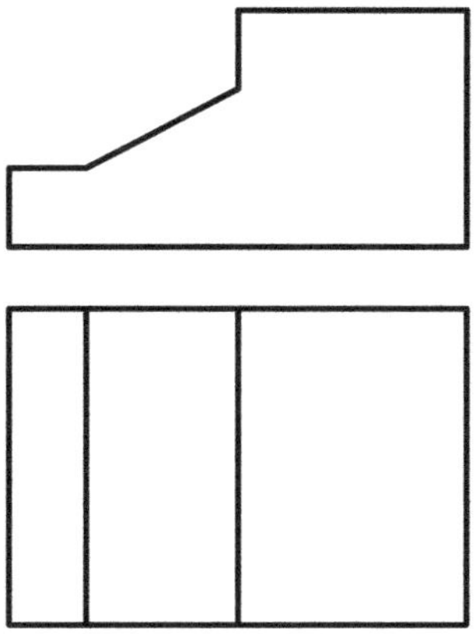

(7)

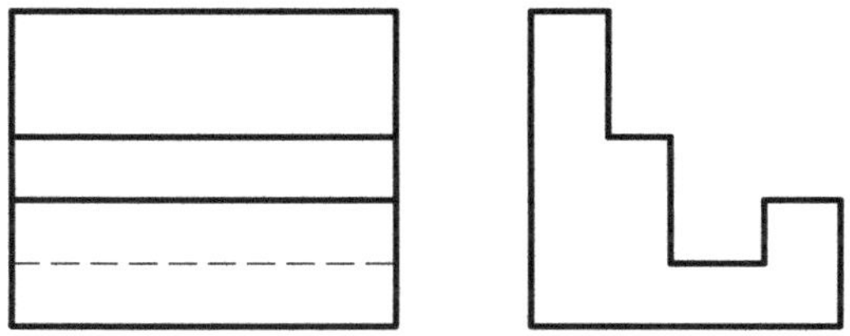

(8)

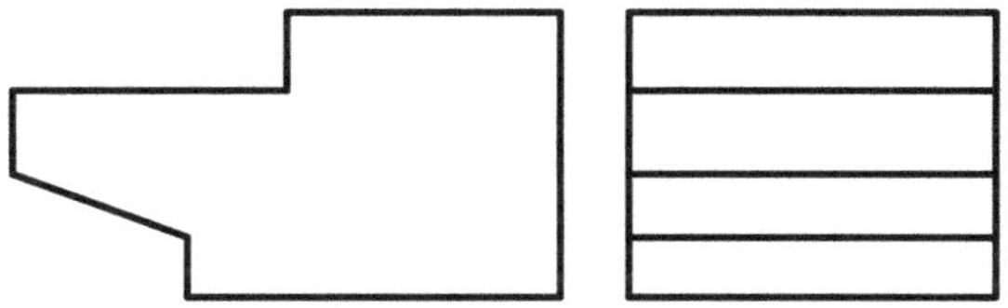

(9)

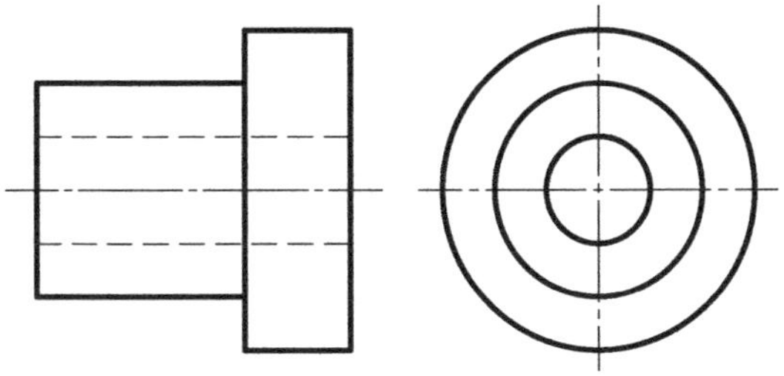

(10)

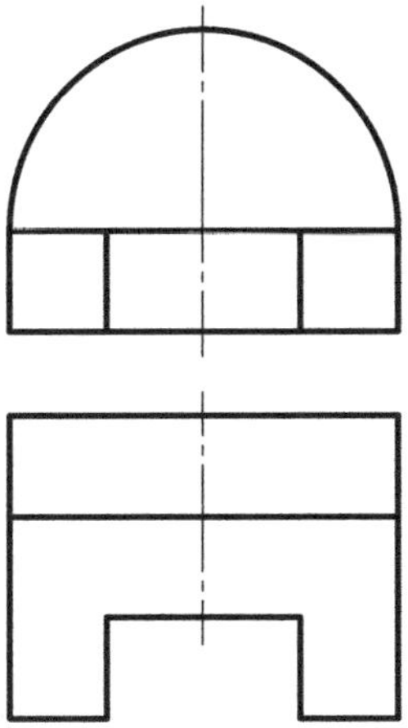

(11)

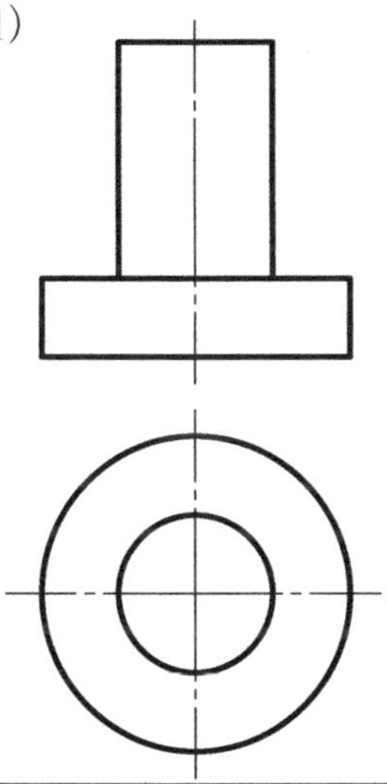

(12)

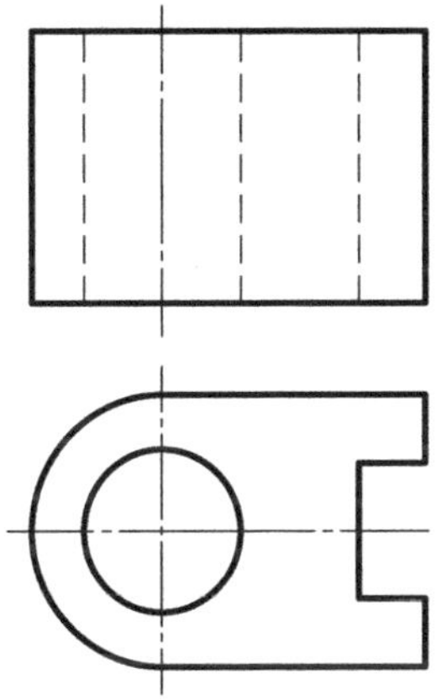

5-1　补画平面立体截切后第三面投影。

(1)

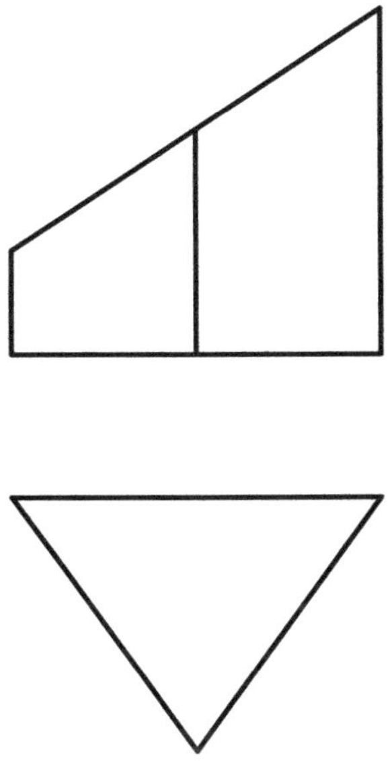

(2)

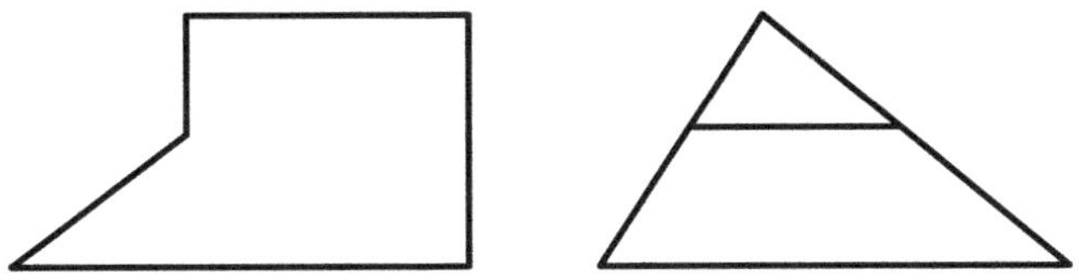

(3)

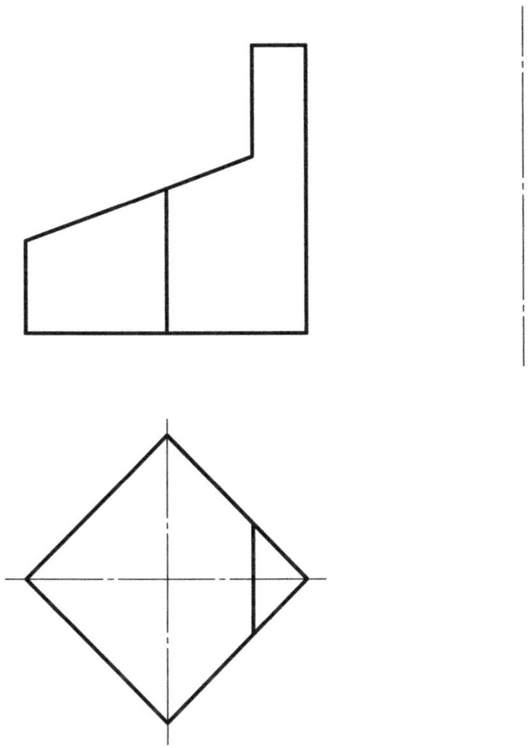

5-2 补画平面立体截切后正面投影中所缺图线，并补画侧面投影。

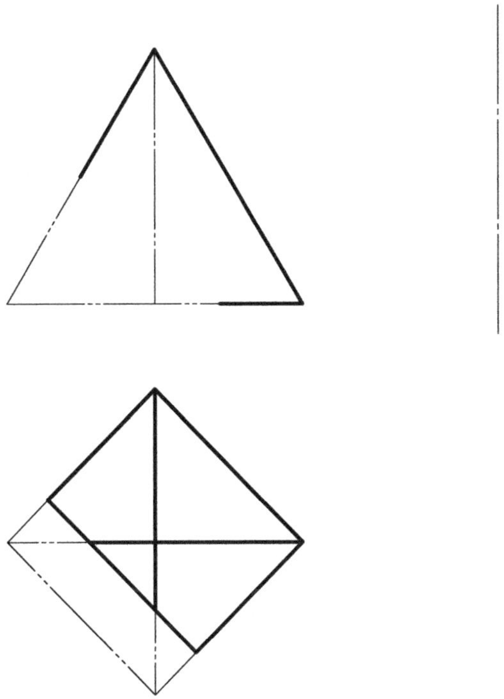

5-3　补画平面立体截切后水平投影中所缺图线，并补画侧面投影。

(1)

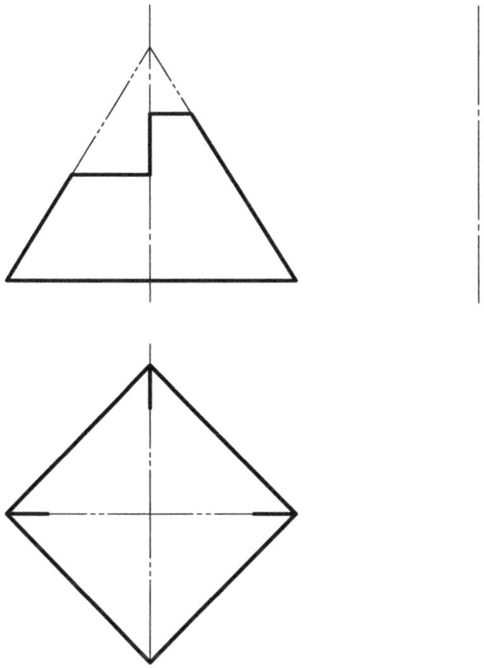

(2)

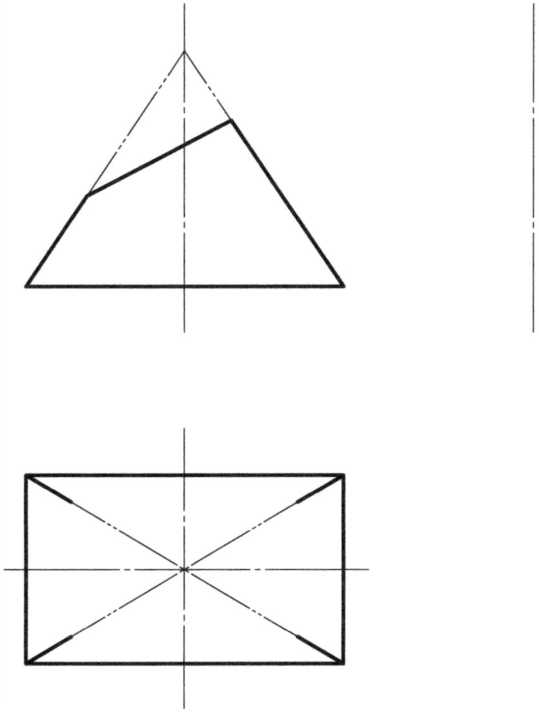

5-4 补全圆柱体被截切后的三面投影。

(1)

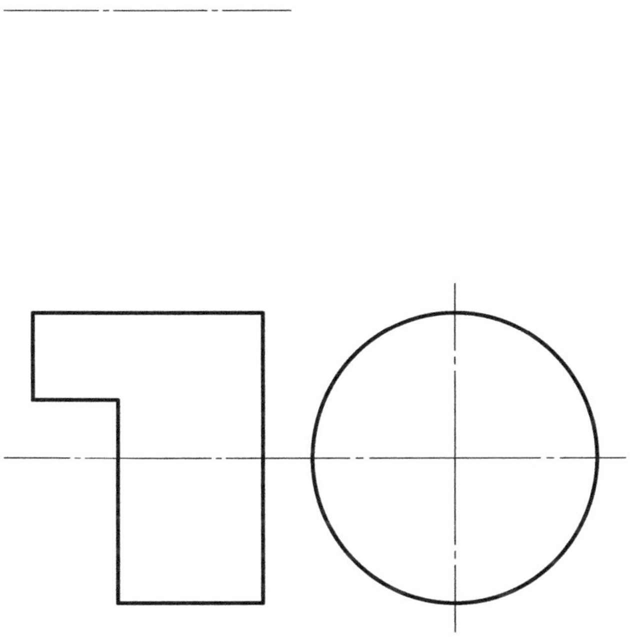

(2)

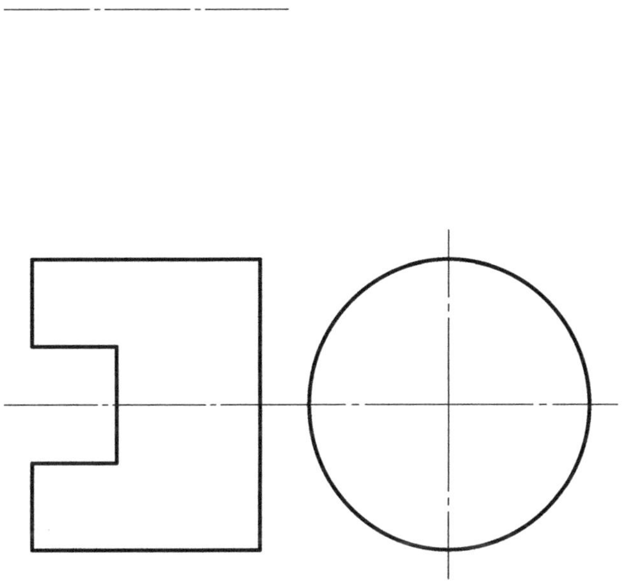

39		学号		姓名		班级	第五章 立体表面的交线

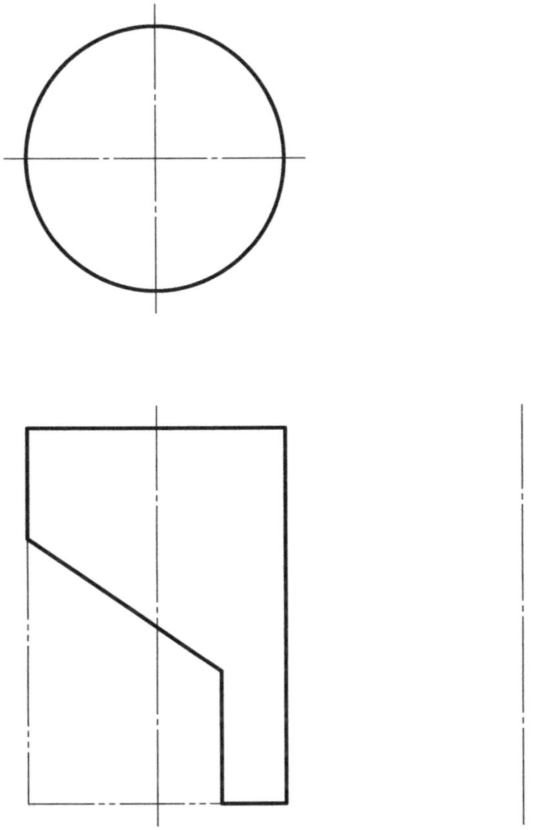

(3)

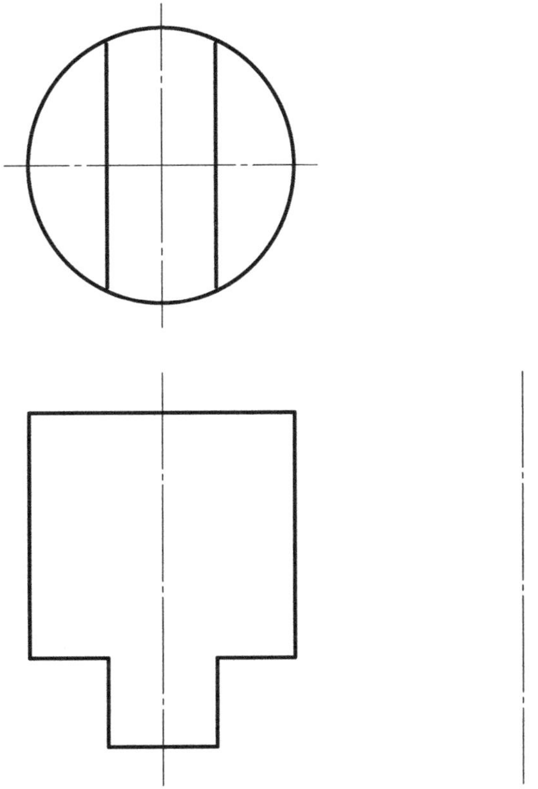

(4)

5-5 补全圆锥体被截切后的三面投影。

(1)

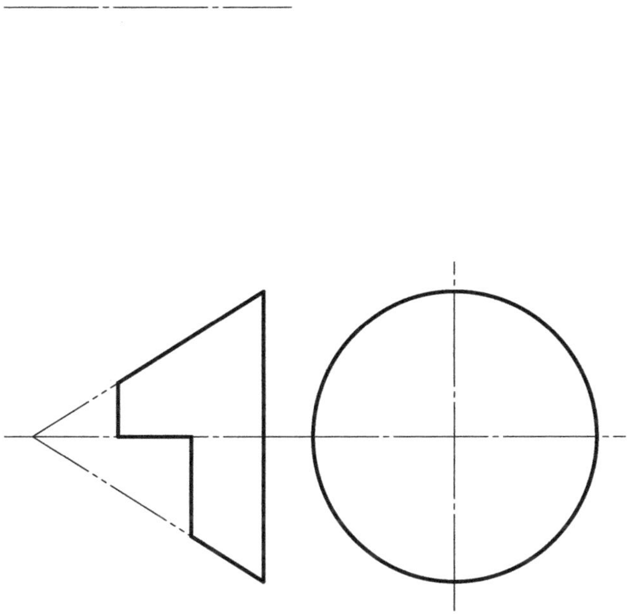

(2)

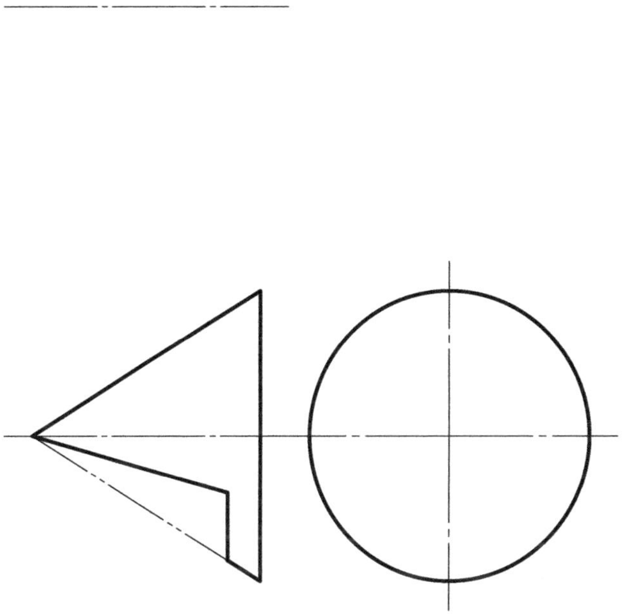

5-6 补圆球体被截切后的三面投影。

(1)

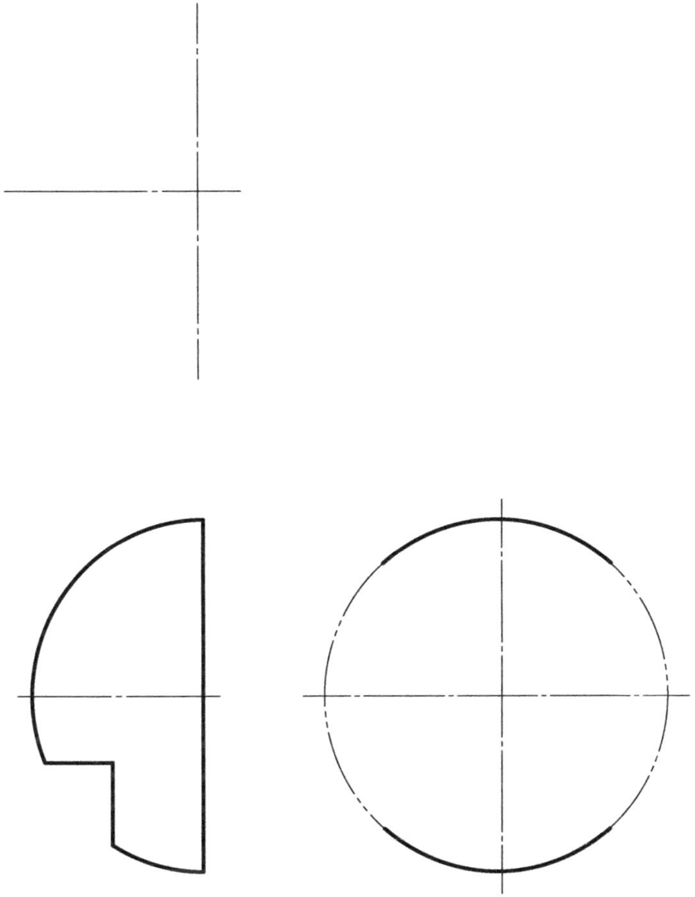

(2)

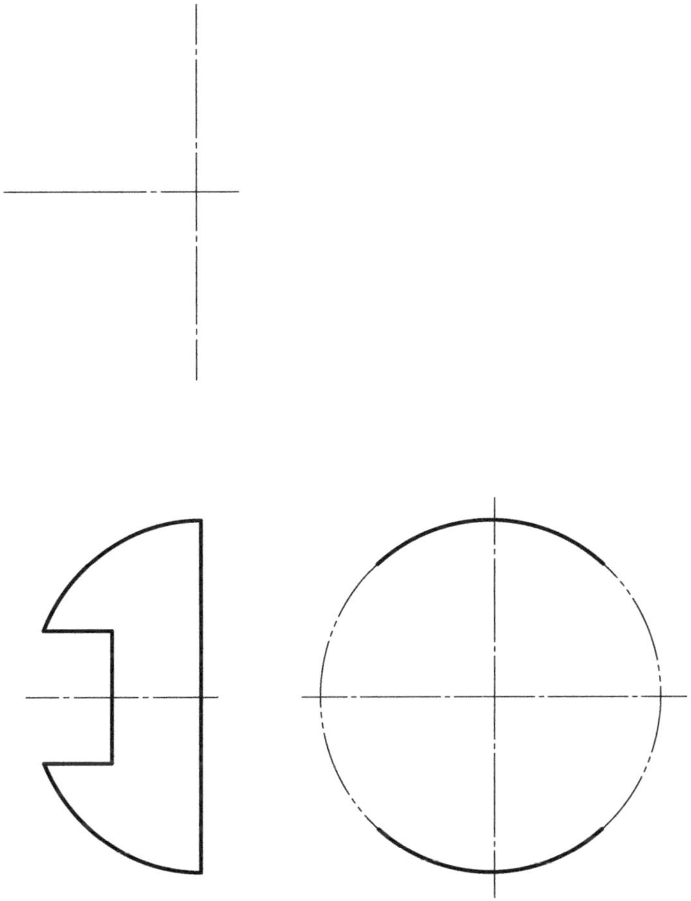

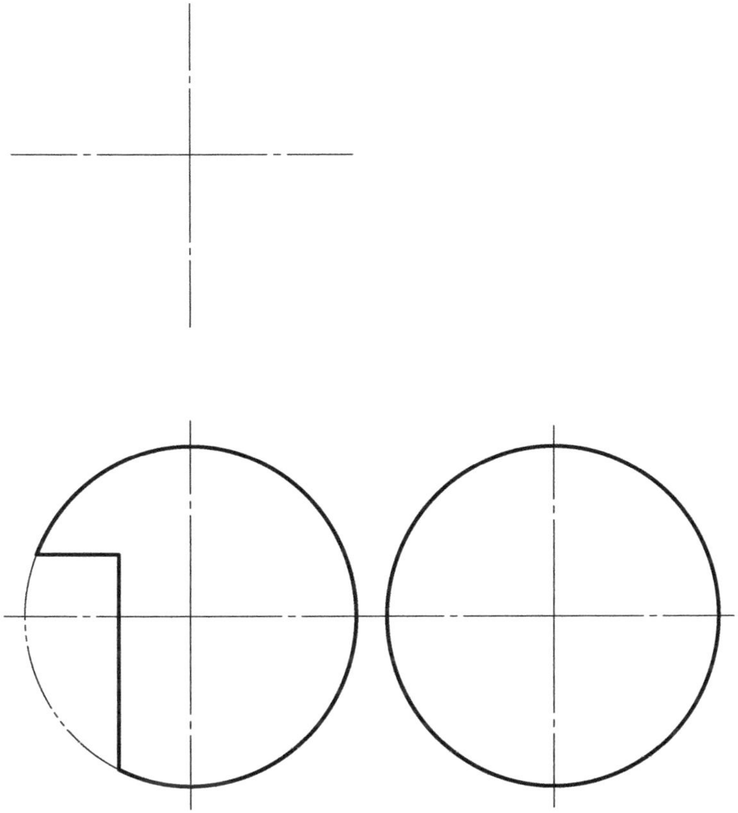

(3)

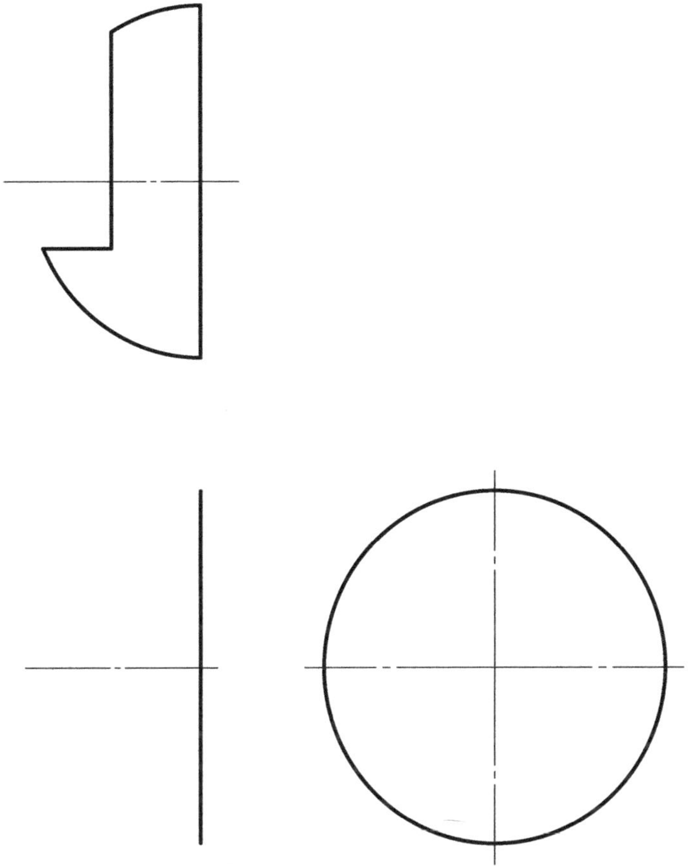

(4)

第五章　立体表面的交线		班级		姓名		学号

5-7 补画两平面立体相贯线的投影。

（1）

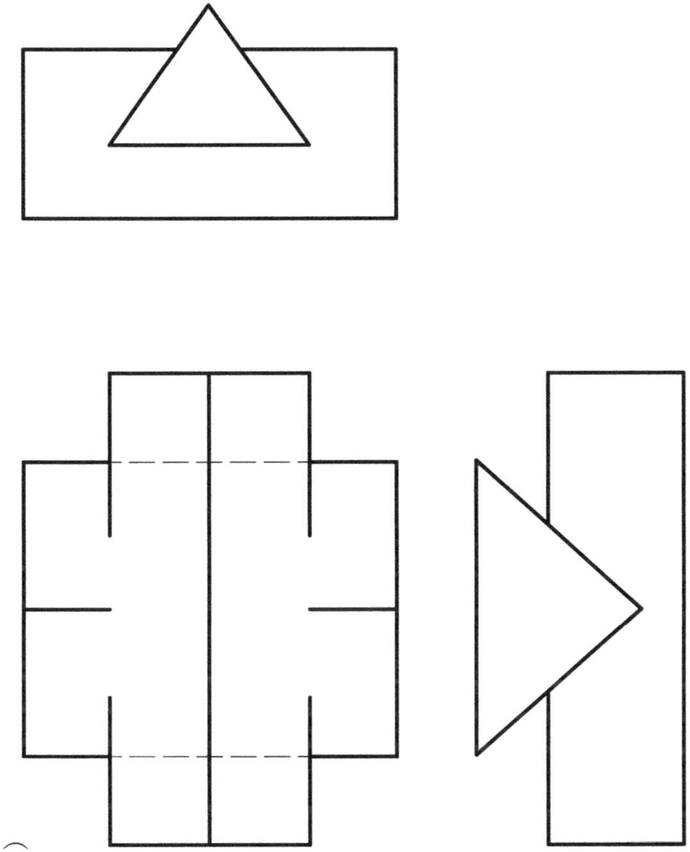

（2）

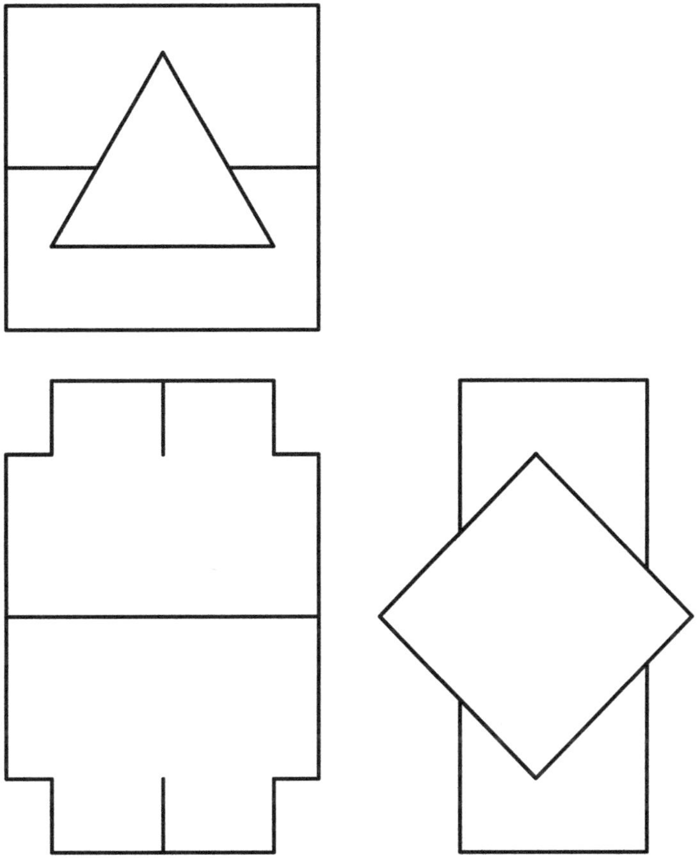

(3)

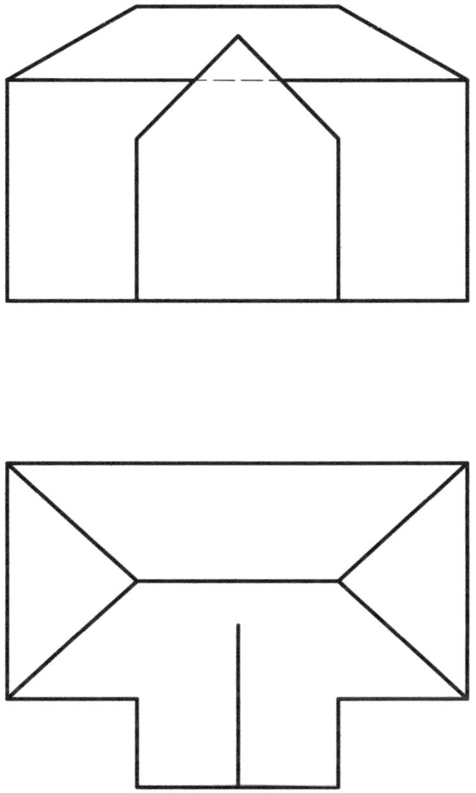

(4)

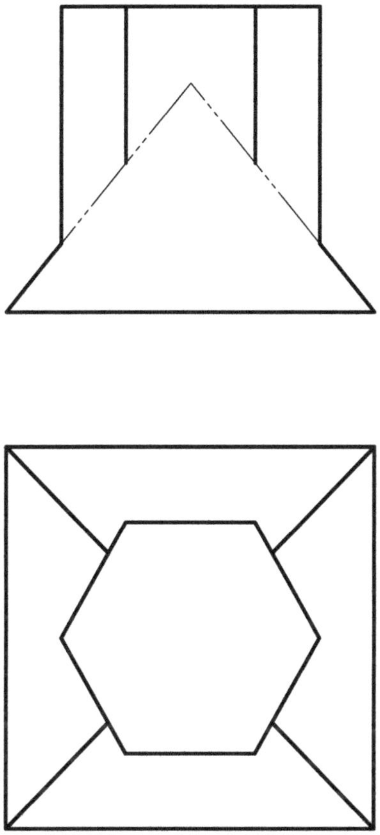

5-8 补画两立体相贯线的投影。

(1)

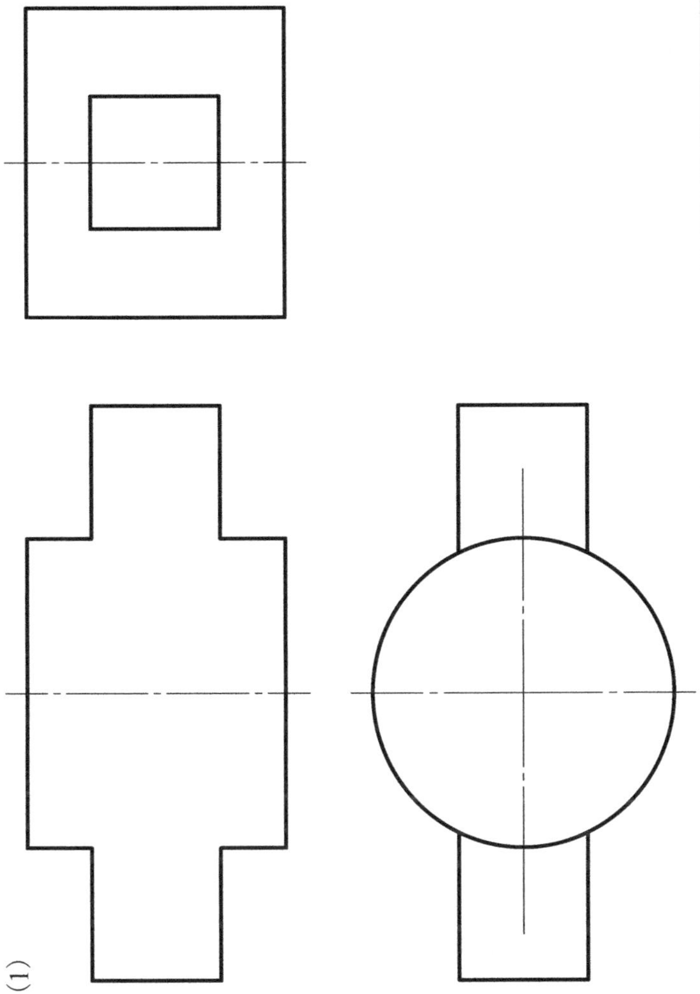

(2)

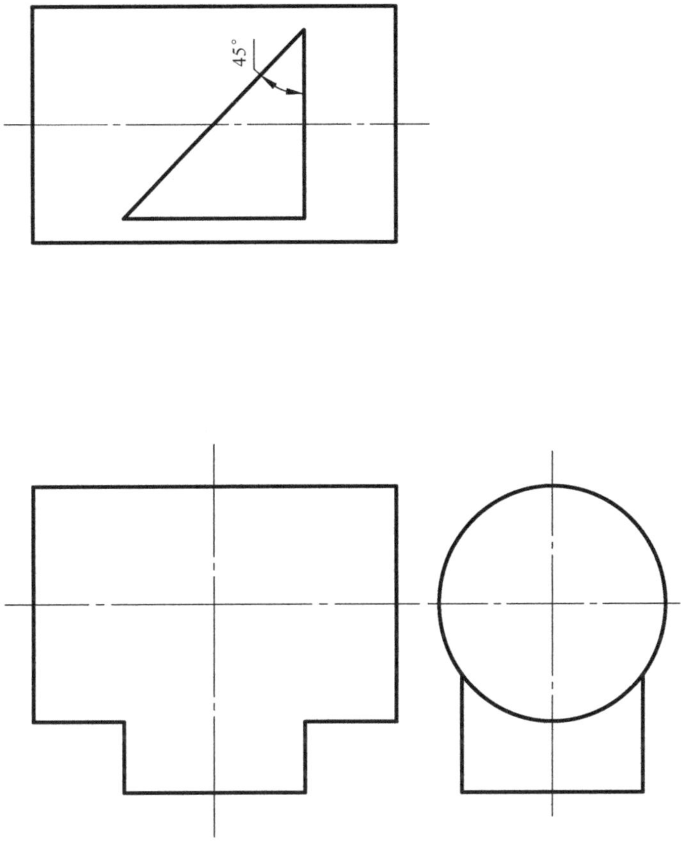

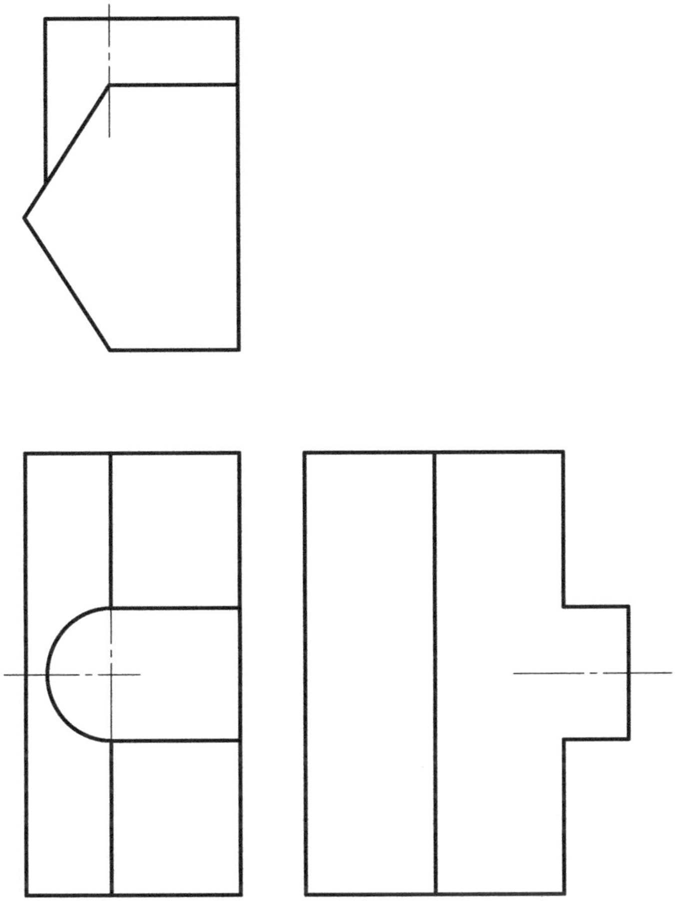

(3)

5-9 补画两个曲面立体的相贯线。

(1)

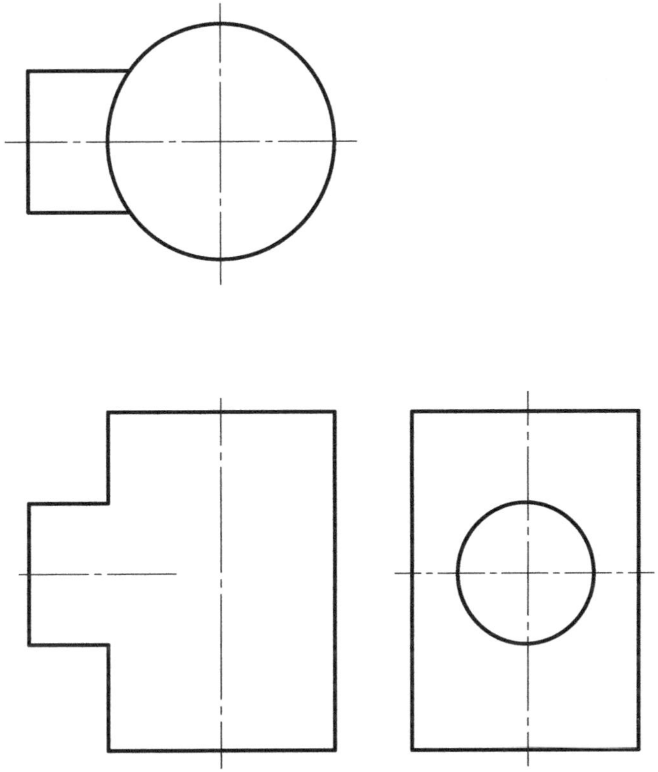

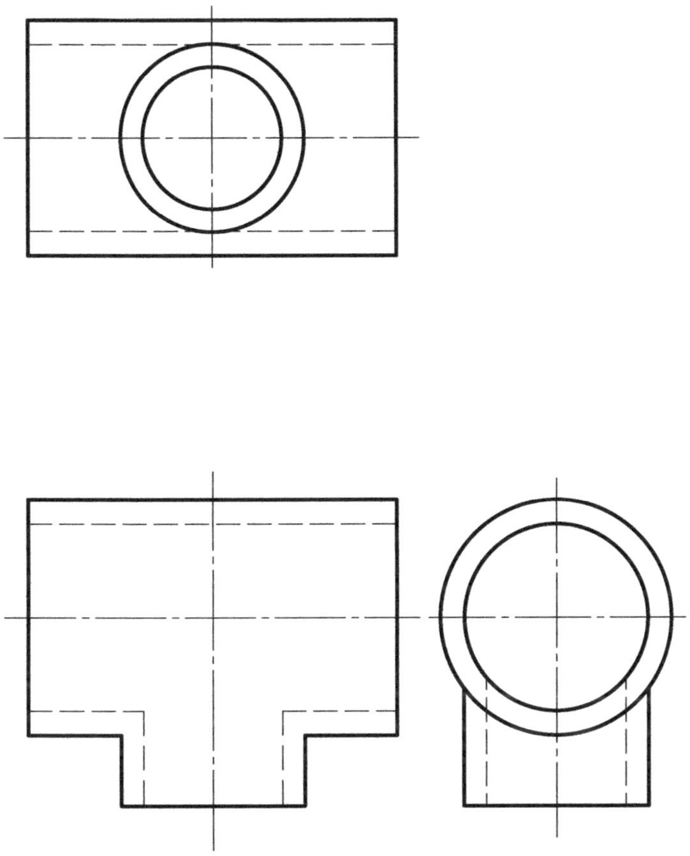
⑵

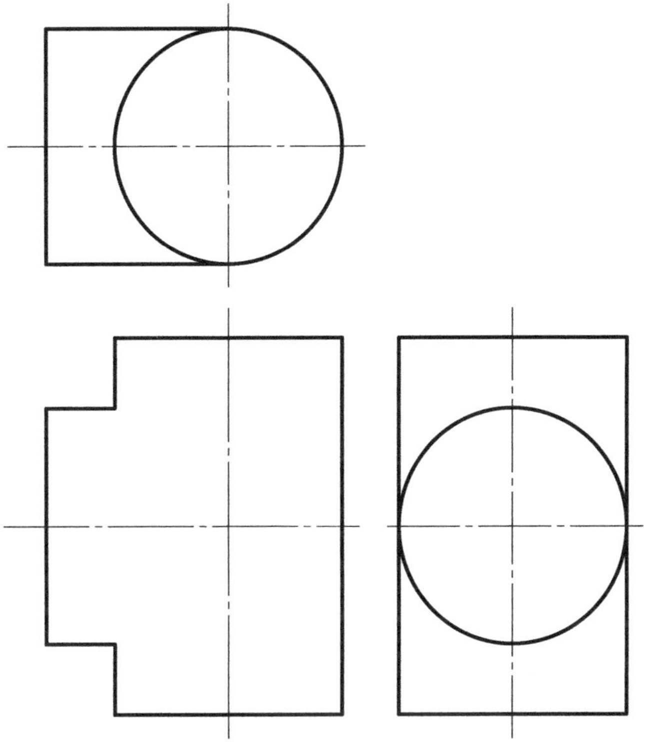
⑶

第五章　立体表面的交线	班级		姓名		学号		43

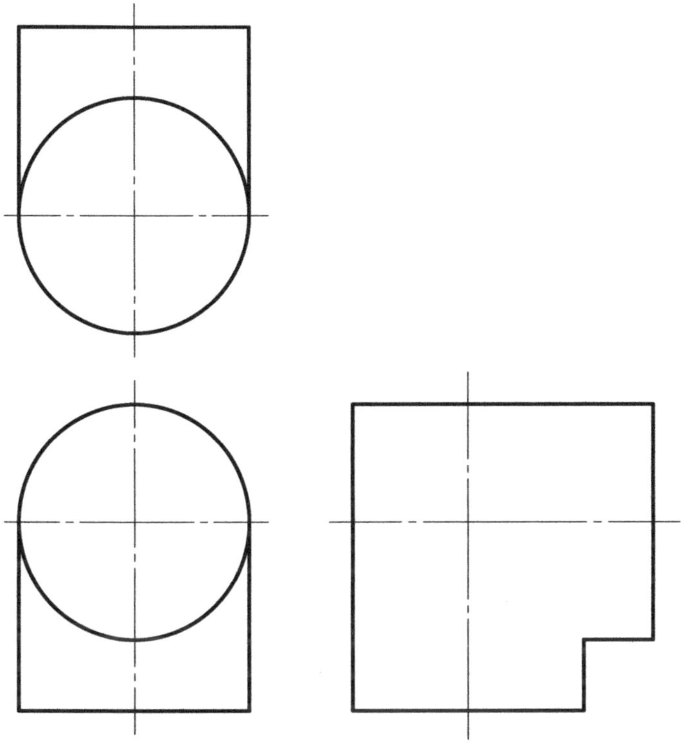

(4)

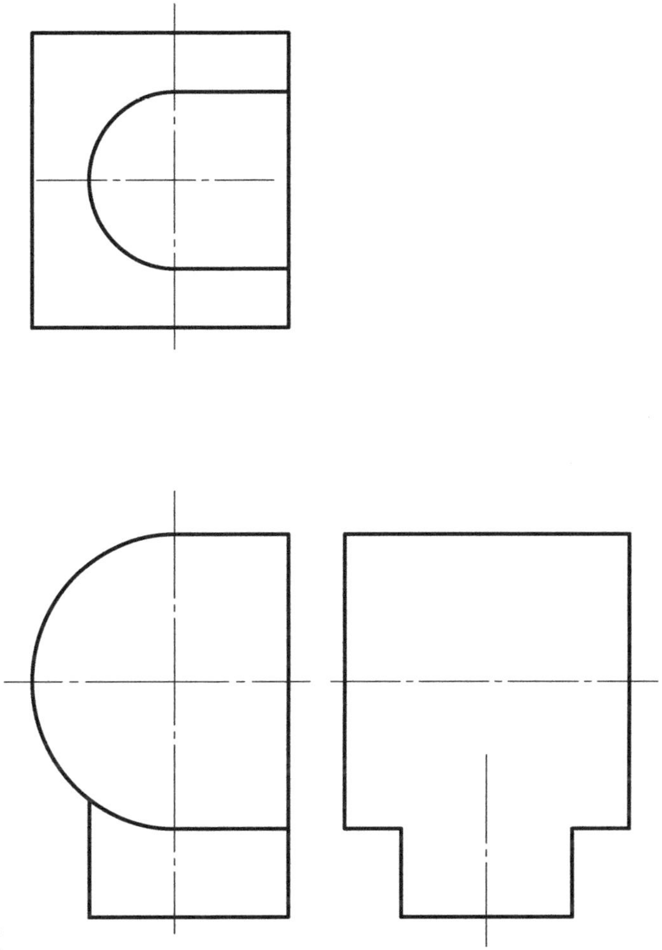

(5)

6-1 根据投影图，作出形体的的正等轴测投影（尺寸由图中量取）。

(1)

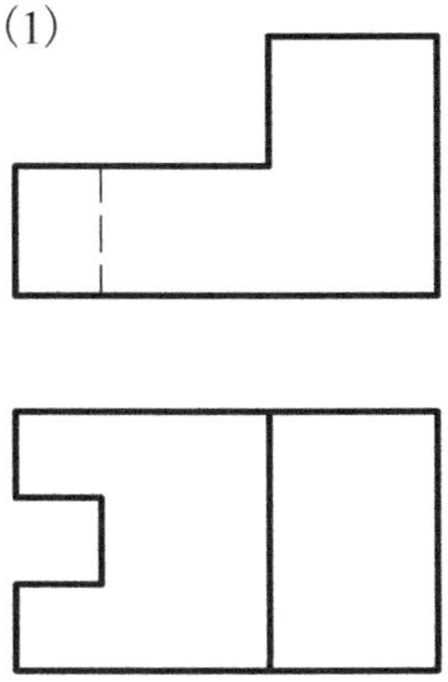

(2)

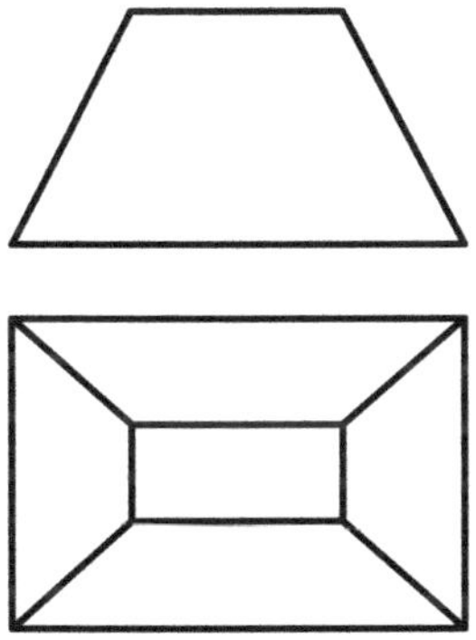

(3)

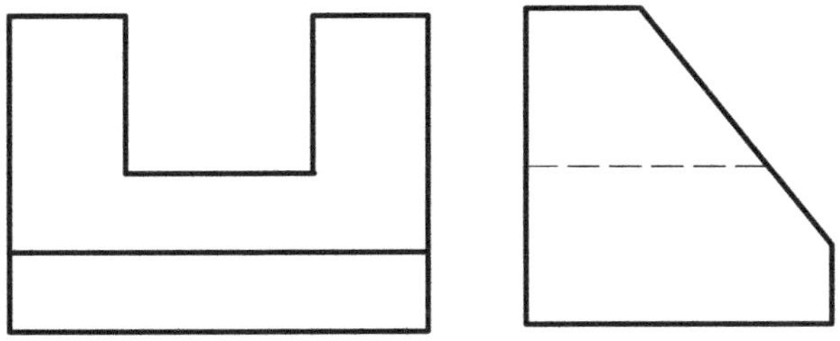

(4)

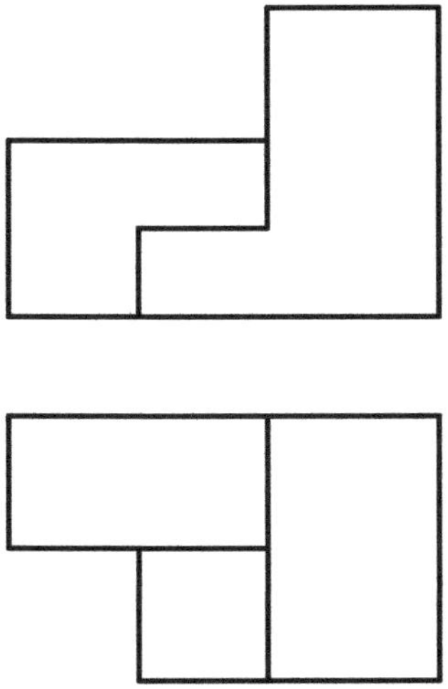

(5)

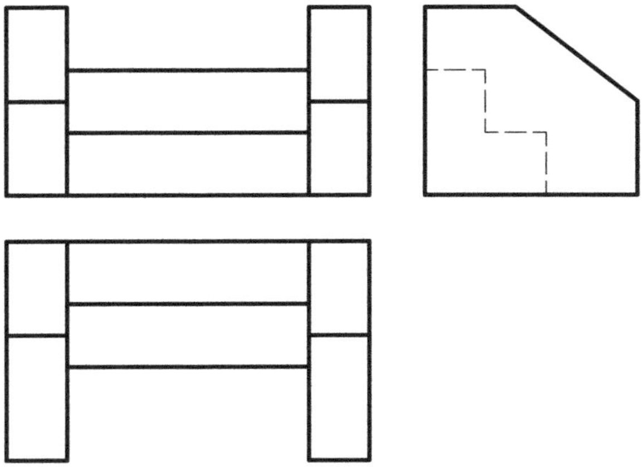

(6)

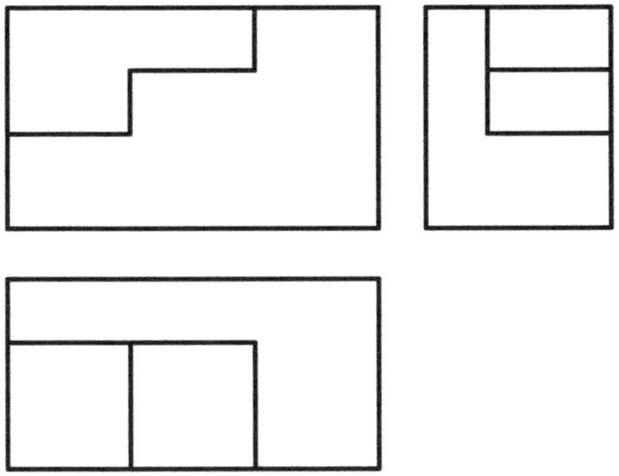

(7)

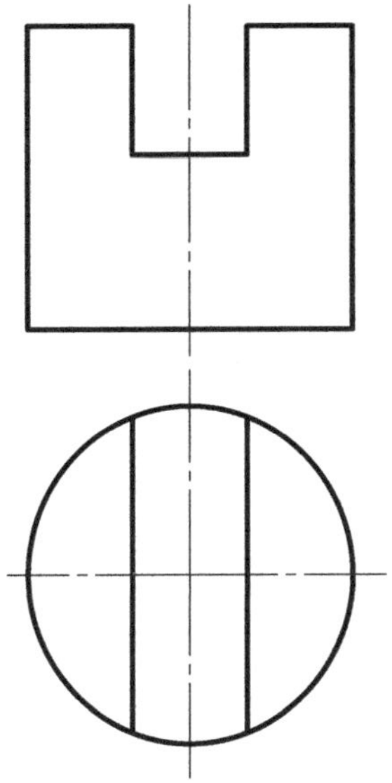

(8)

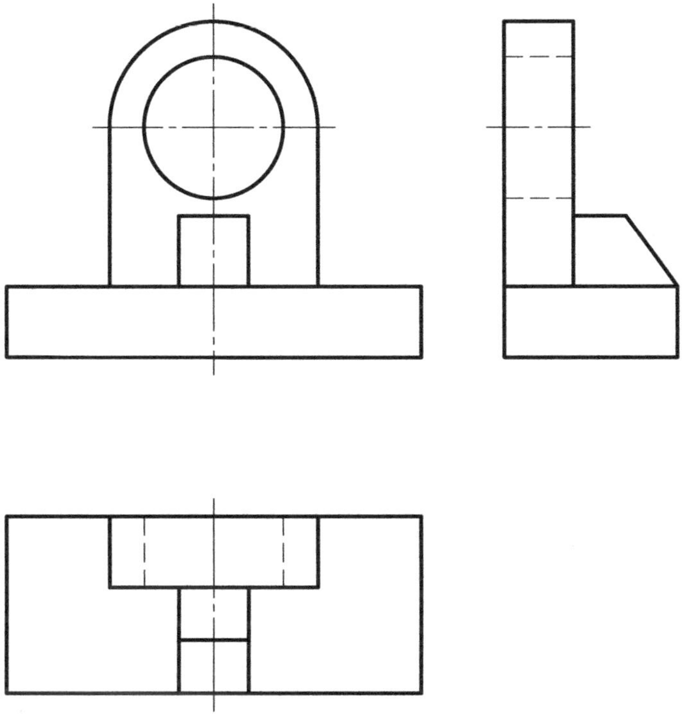

6-2 根据投影图，作出形体的的正面斜二测投影（尺寸由图中量取）。

(1)

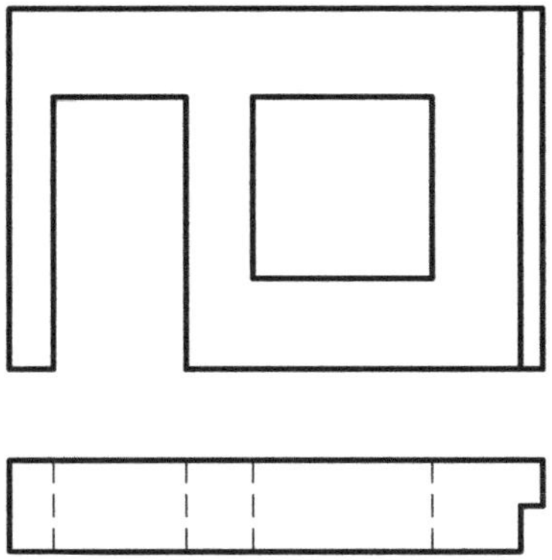

(2)

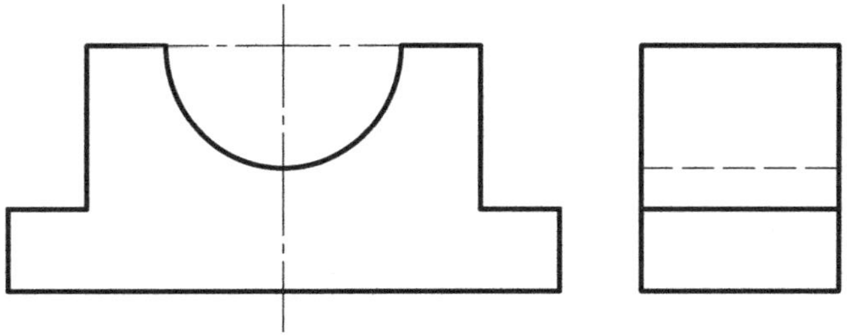

(3)

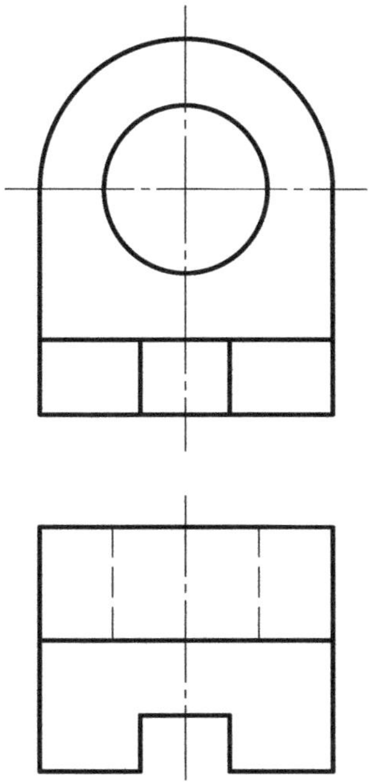

6-3　根据投影图，作出形体的的水平斜等测投影(尺寸由图中量取)。

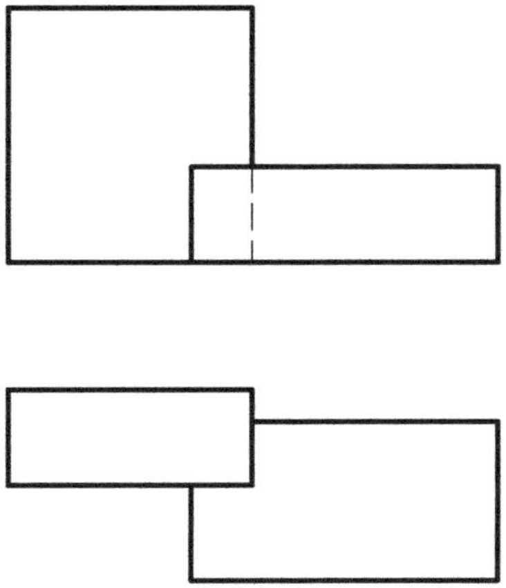

7-1 根据立体图箭头所示的正投影方向，在下列已给的图形中找各形体的三面投影，并将图号填入表中(A为示例)。

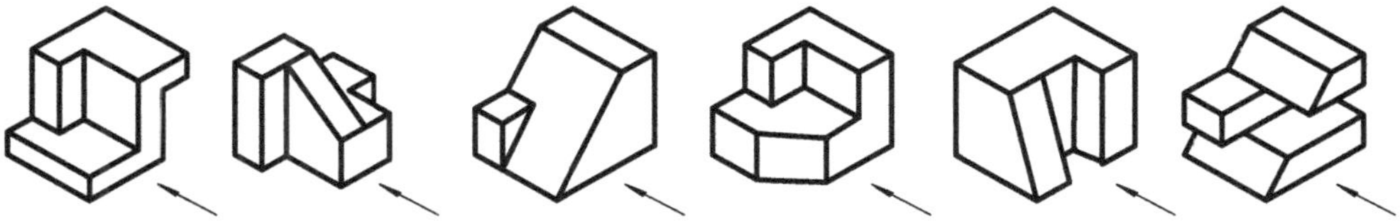

A B C D E F

	A	B	C	D	E	F	
正面投影	1						
水平投影	11						
侧面投影	8						

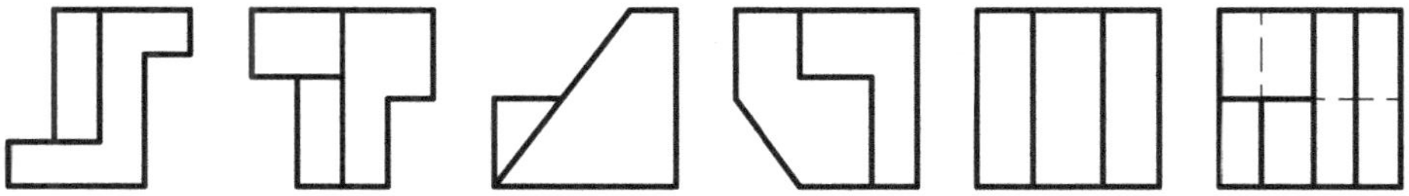

1 2 3 4 5 6

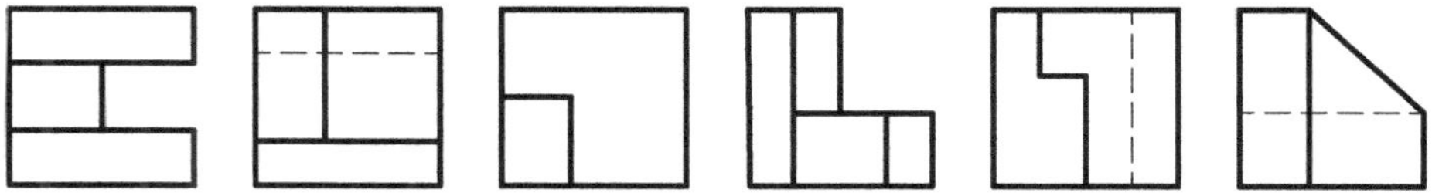

7 8 9 10 11 12

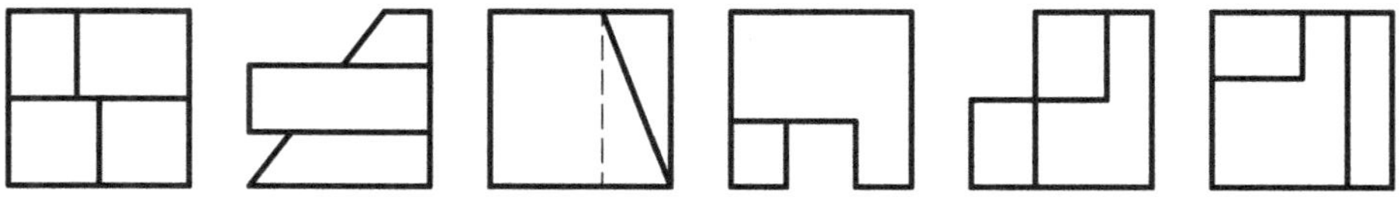

13 14 15 16 17 18

7-2 根据组合体的轴测图，作出它们的三面投影(尺寸由图中量取)。

(1)

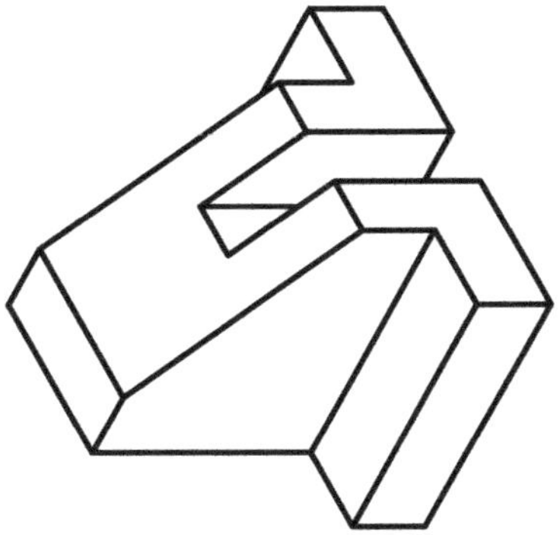

(2)

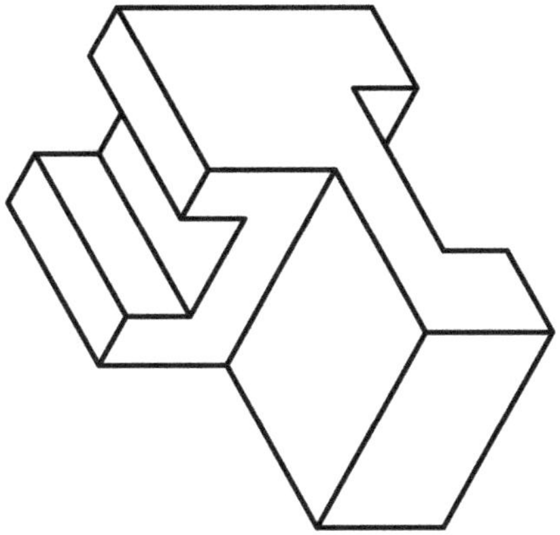

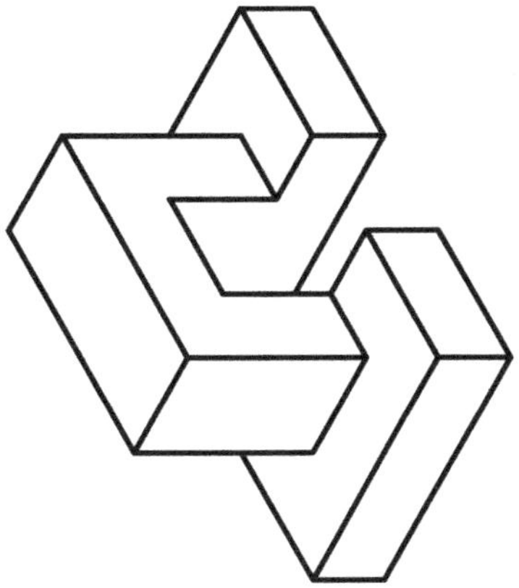

(3)

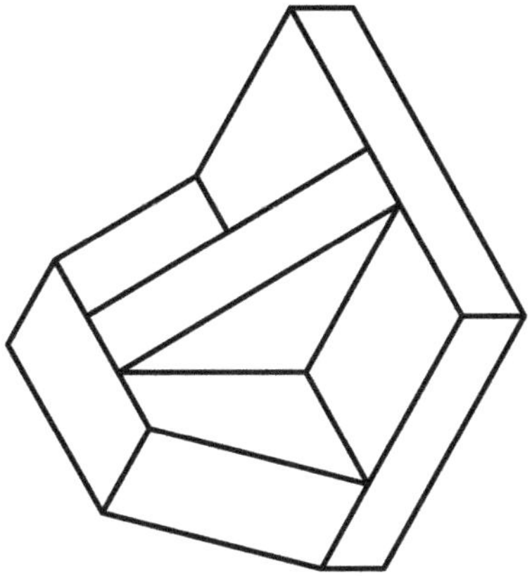

(4)

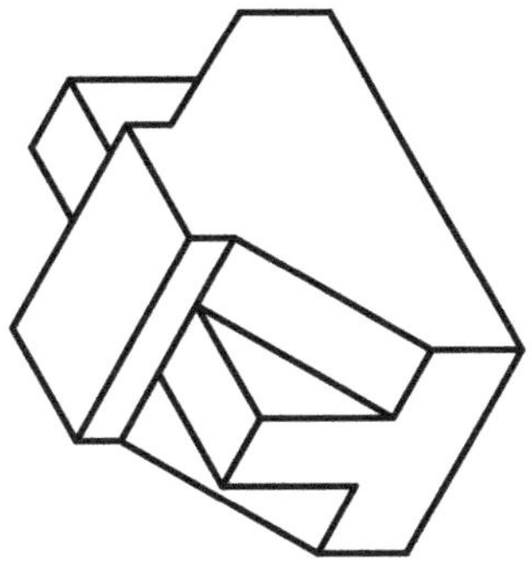

(5)

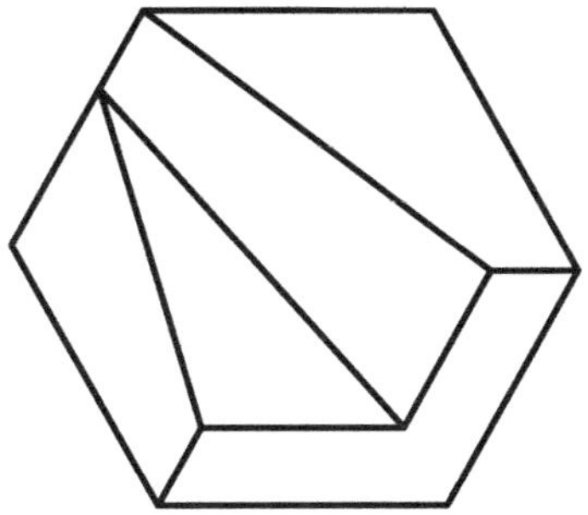

(6)

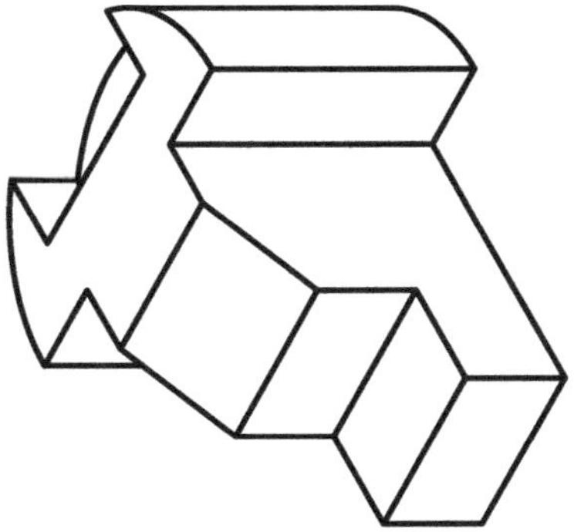

(7)

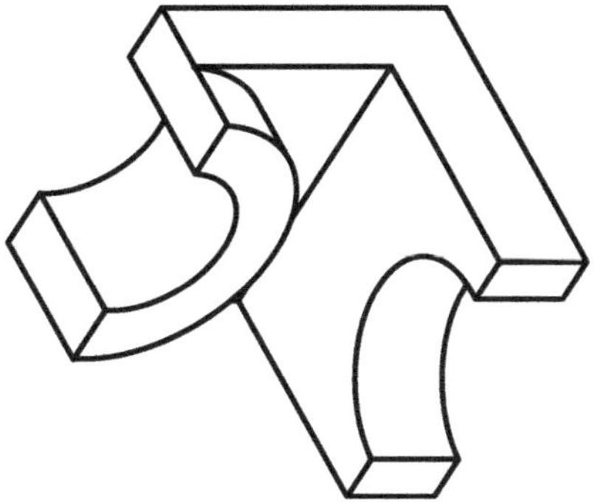

(8)

7-3 根据立体图，作出它们的三面投影，并标注尺寸(尺寸由图中量取，取整数)。

(1)

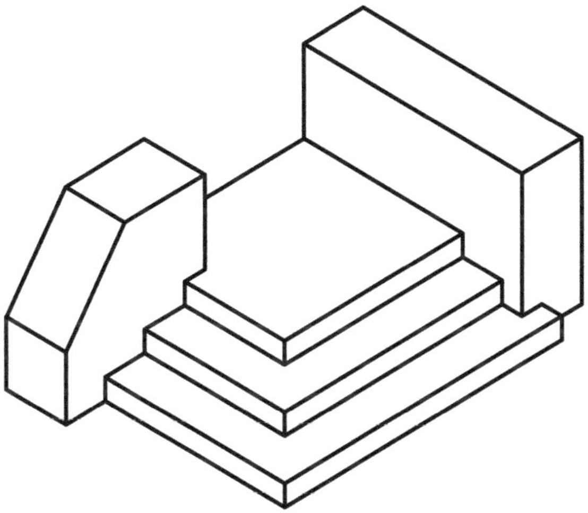

(2)

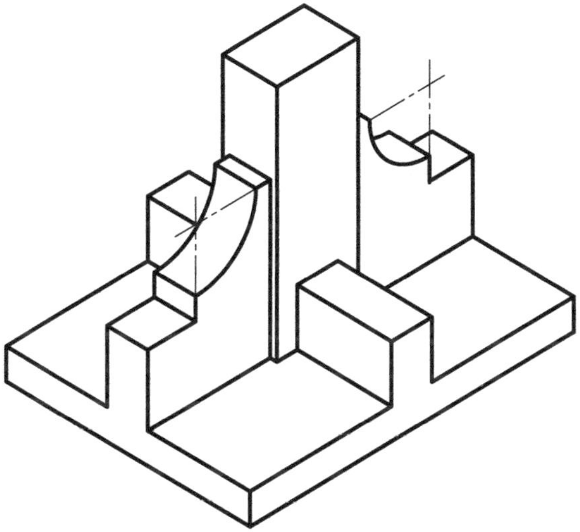

7-4　参照立体图，将投影图中缺的图线补全。

(1)

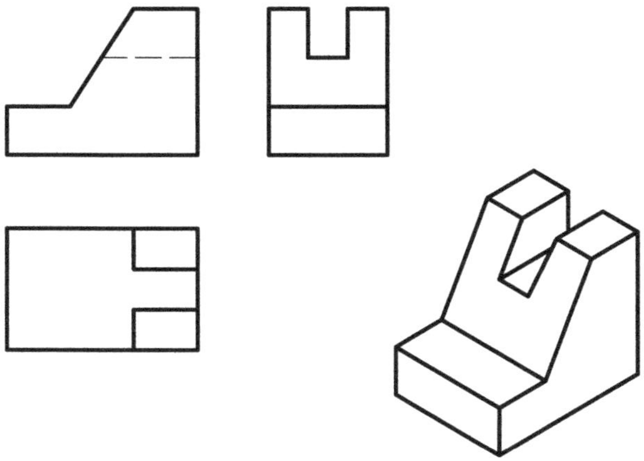

(2)

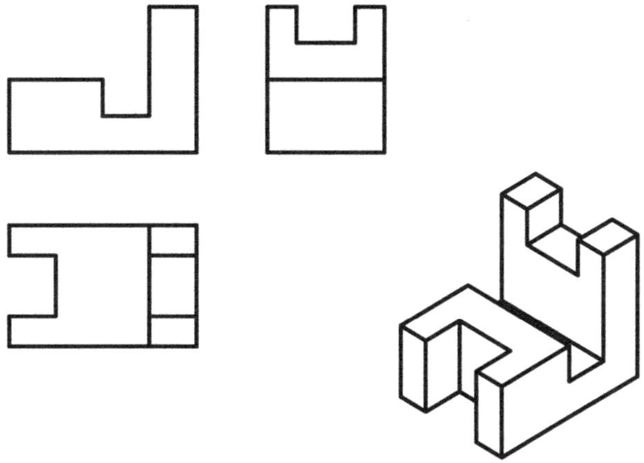

(3)

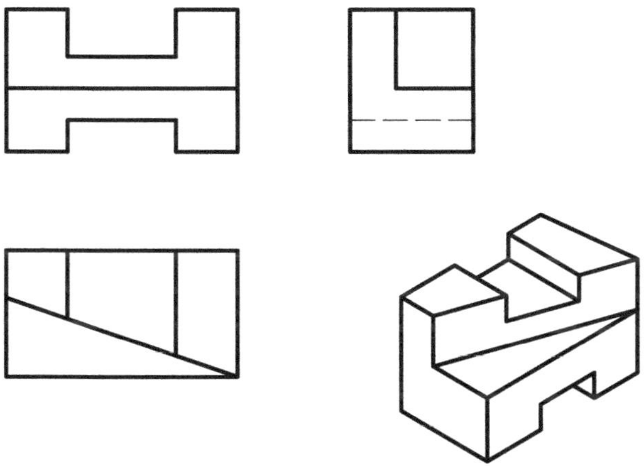

(4)

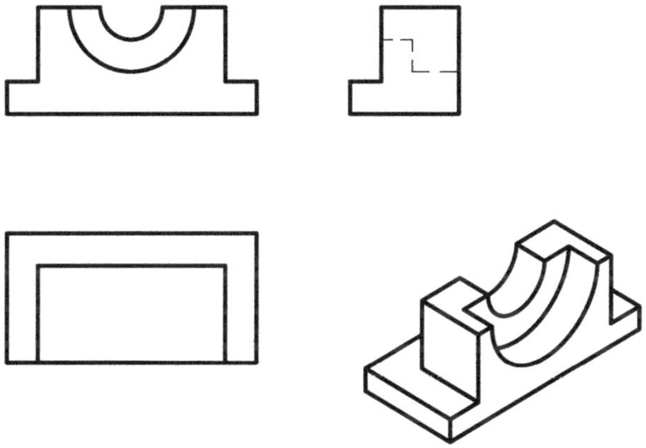

7-5　补画组合体的第三投影。

(1)

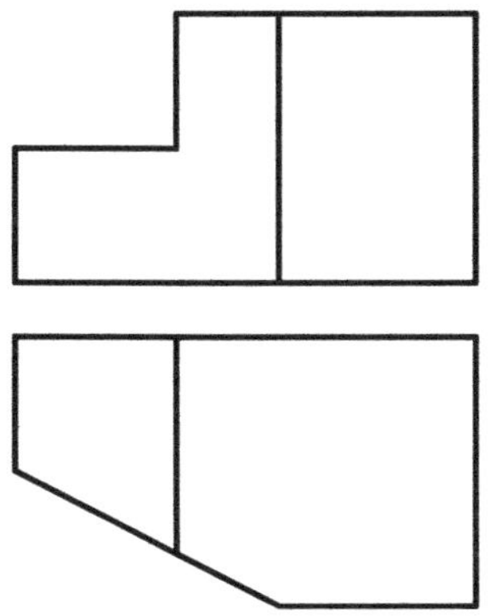

(2)

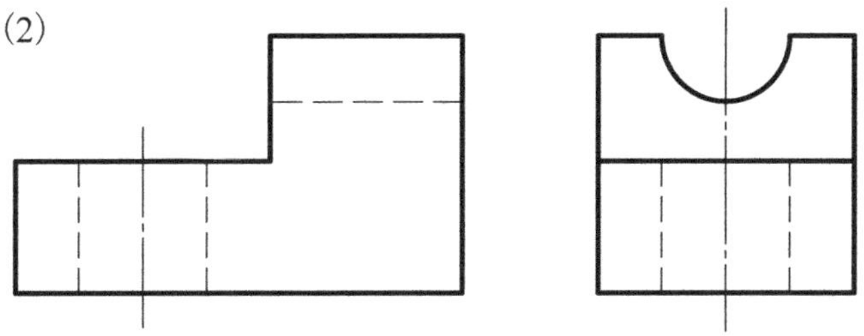

(3)

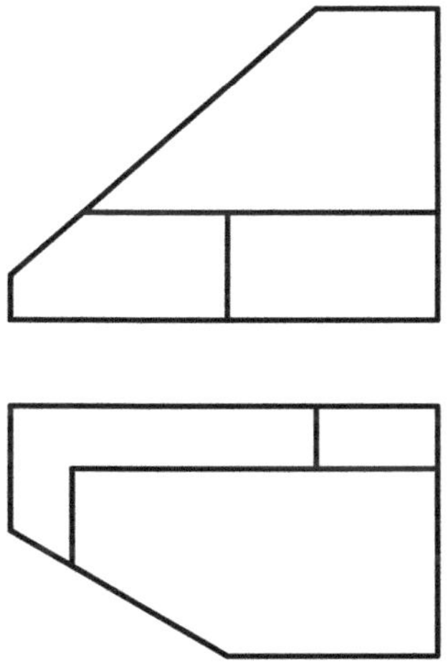

(4)

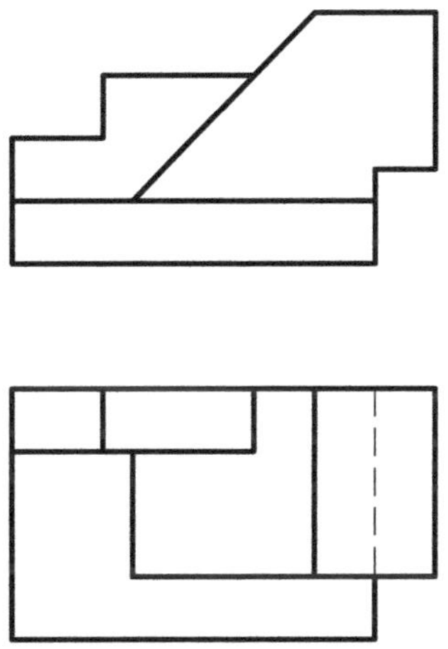

(5)

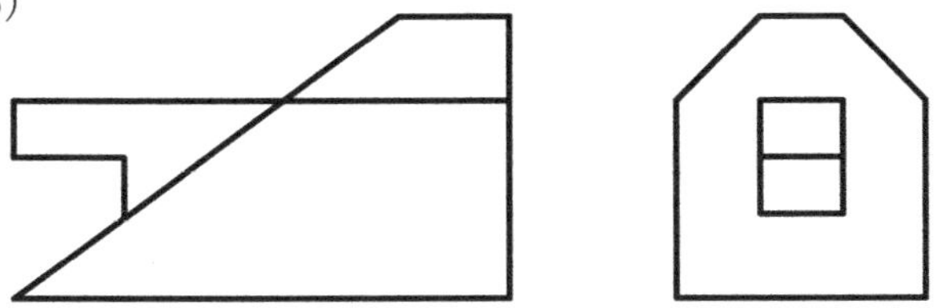

(6)

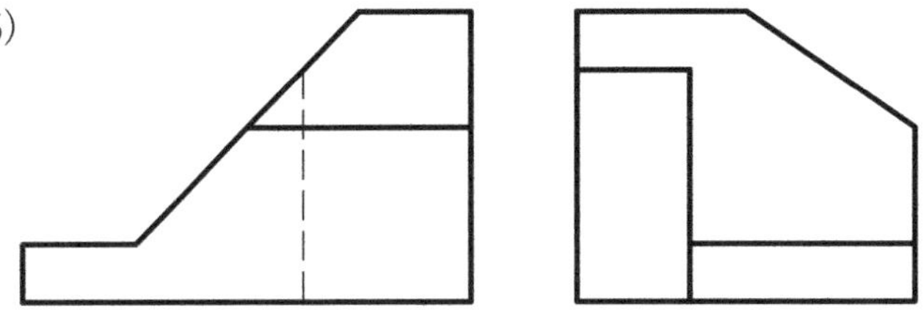

(7)

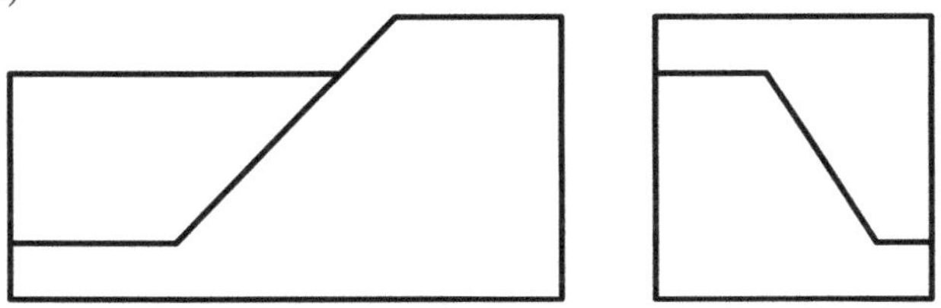

(8)

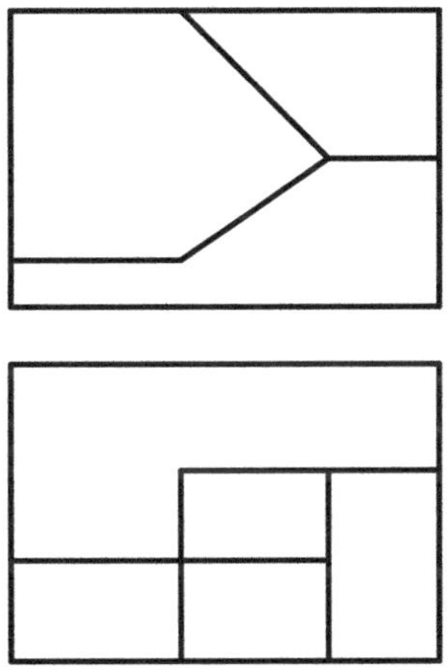

(9)

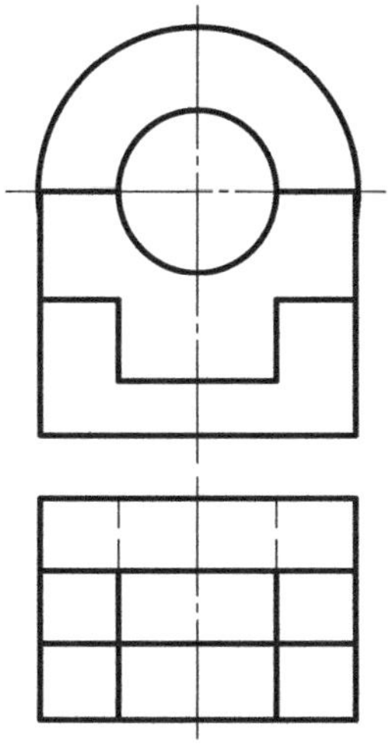

(10)

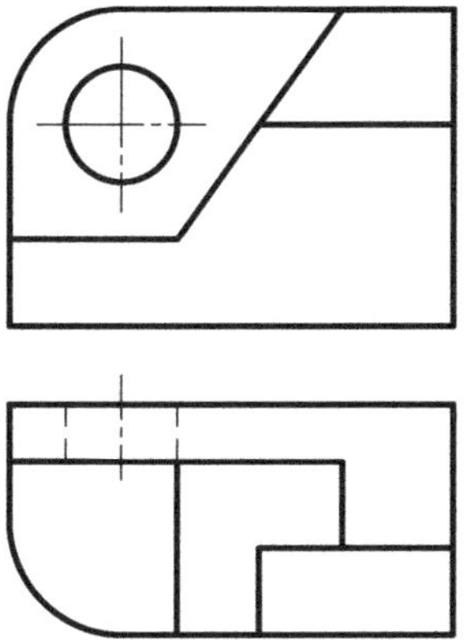

(11)

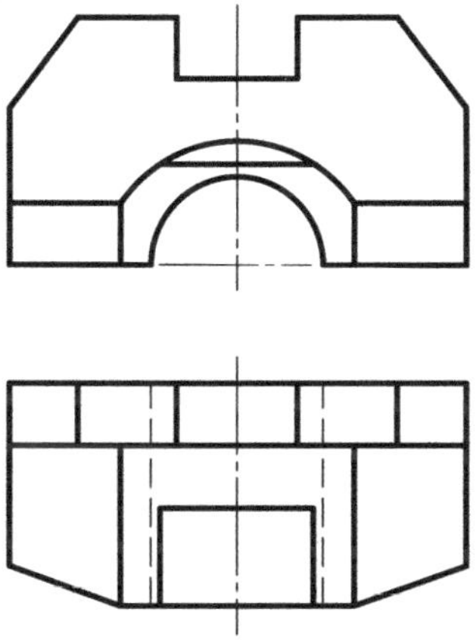

(12)

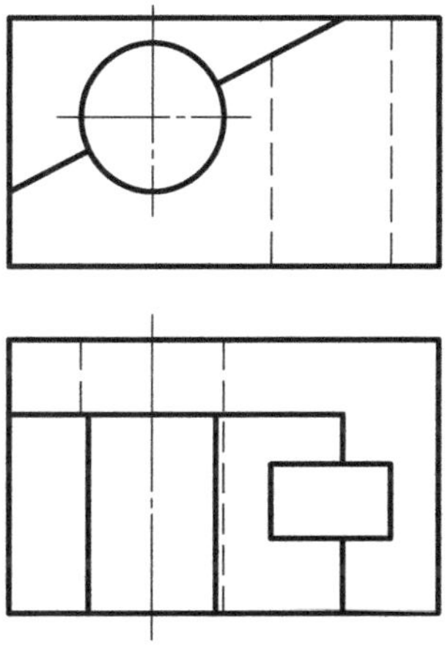

7-6　根据给定的V投影，构思形体，并画出其他两个投影。

(1)

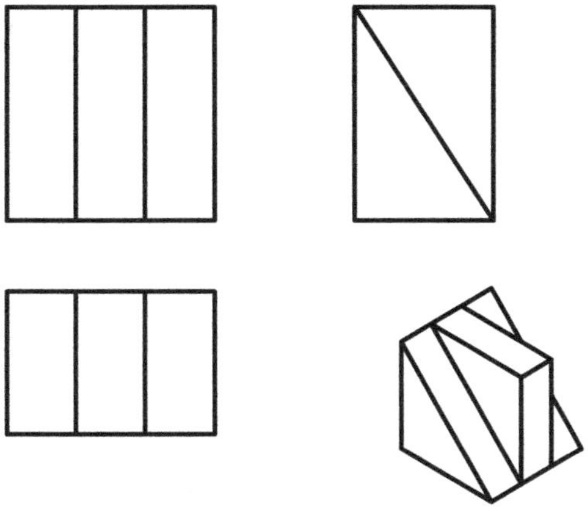

(2)

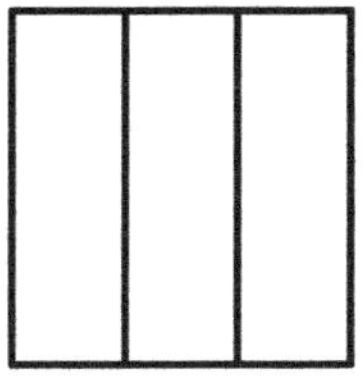

(3)

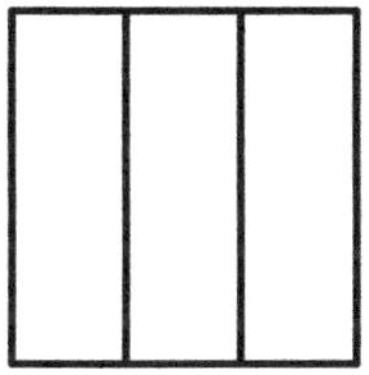

(4)

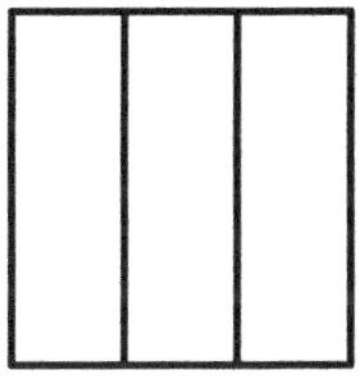

7-7 根据给定的两面投影，构思形体，并画出另一个投影。

(1)

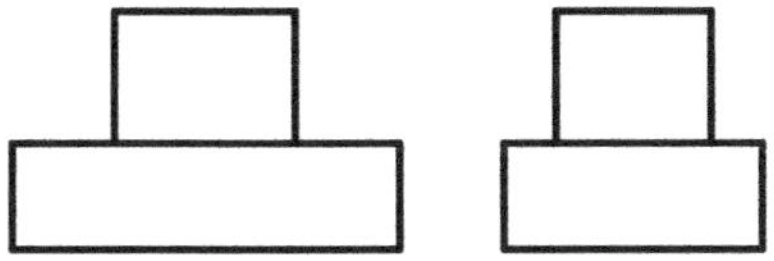

(2)

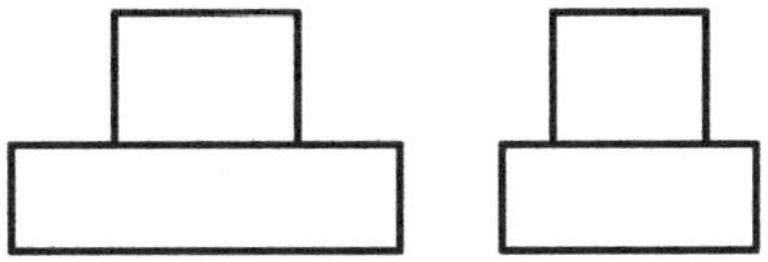

(3)

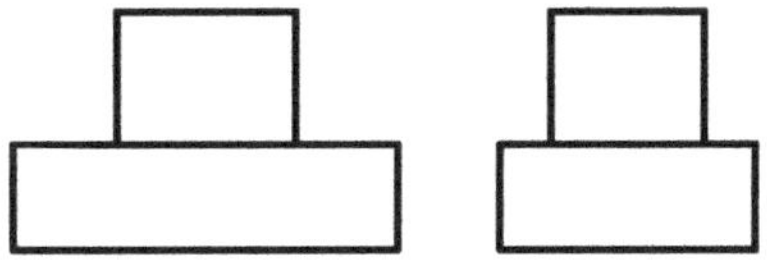

(4)

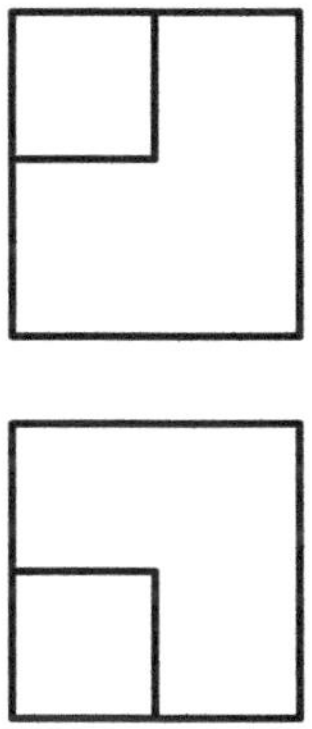

(5)

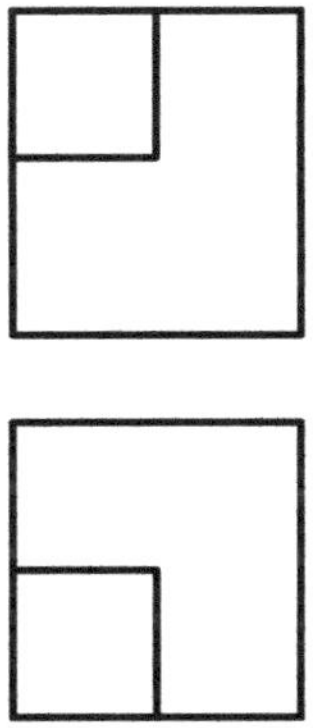

(6)

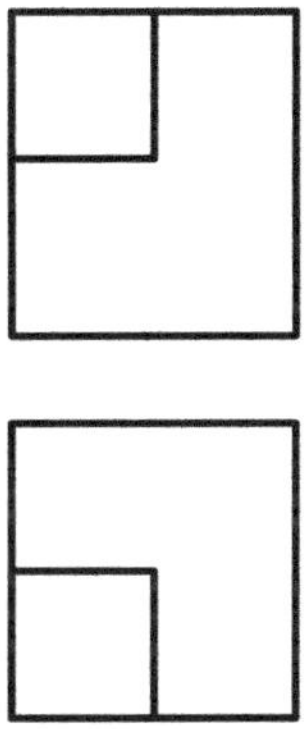

7-8　在A3图纸上用1:10的比例抄绘两面投影，补画第三投影，并标注尺寸。图名：组合体的投影。

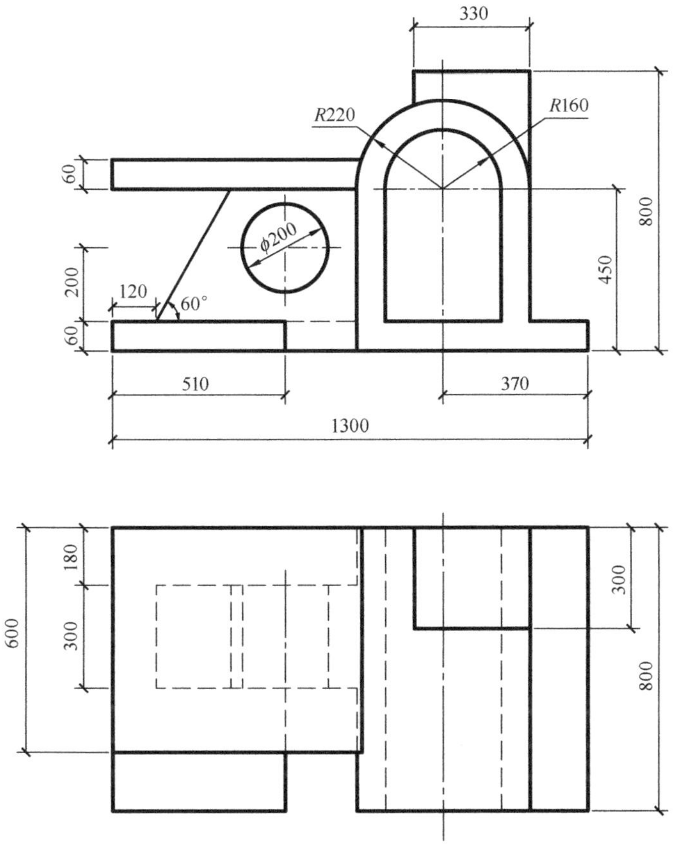

8-1 补画形体的右侧立面图和背立面图。

右侧立面图

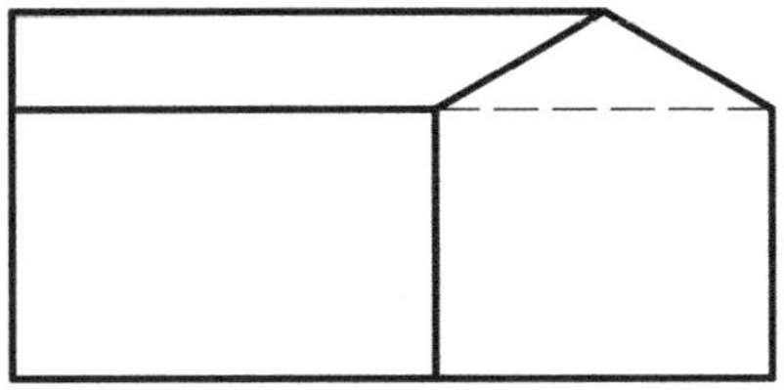

正立面图

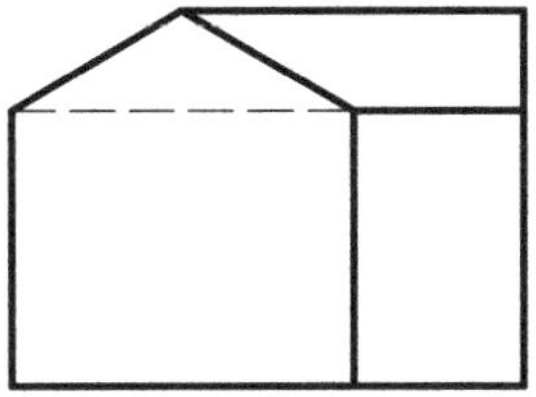

左侧立面图

背立面图

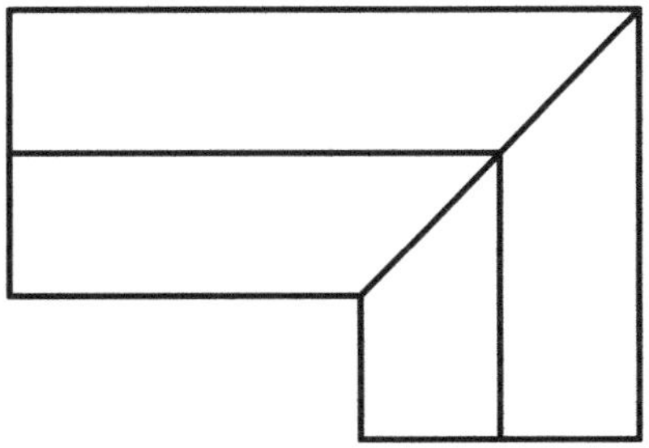

平面图

8-2 补画剖视图所缺的图线。

(1)

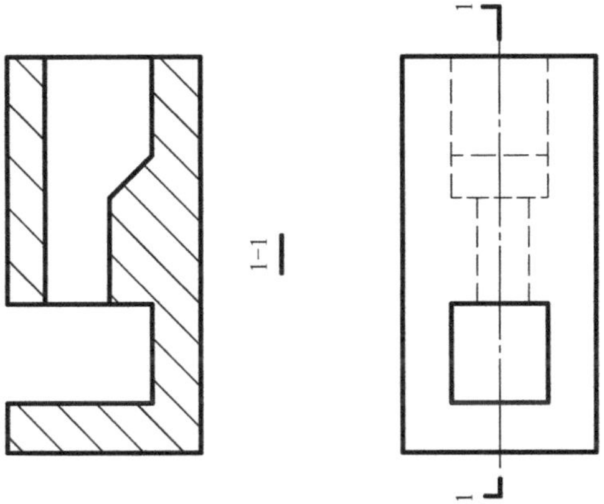

(2)

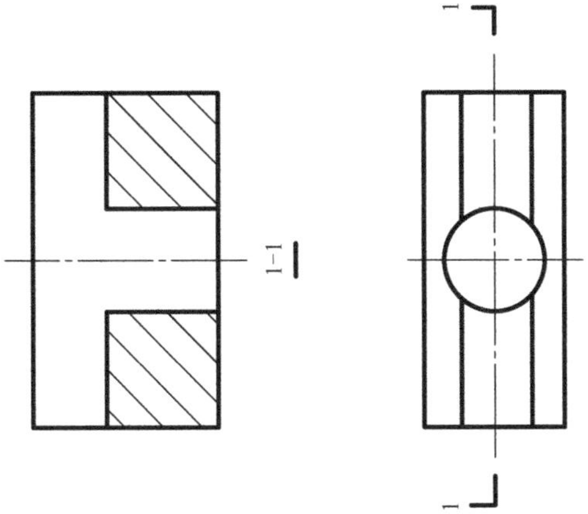

(3)

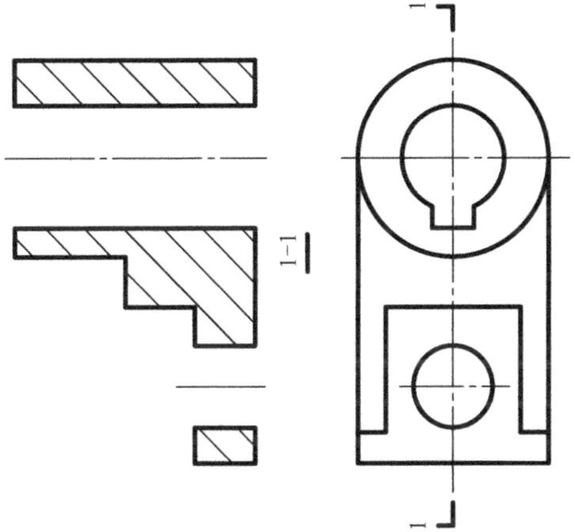

(4)

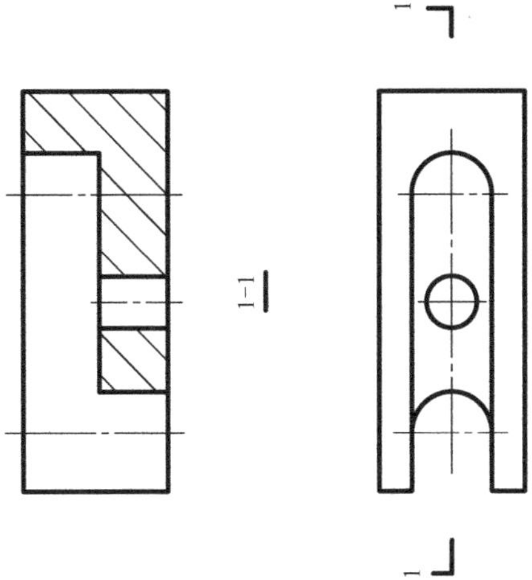

8-3 在指定位置画出1-1剖视图。

(1)

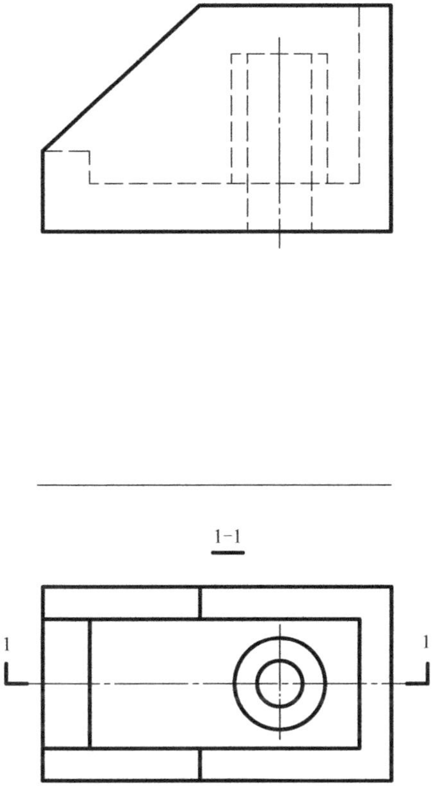

(2)

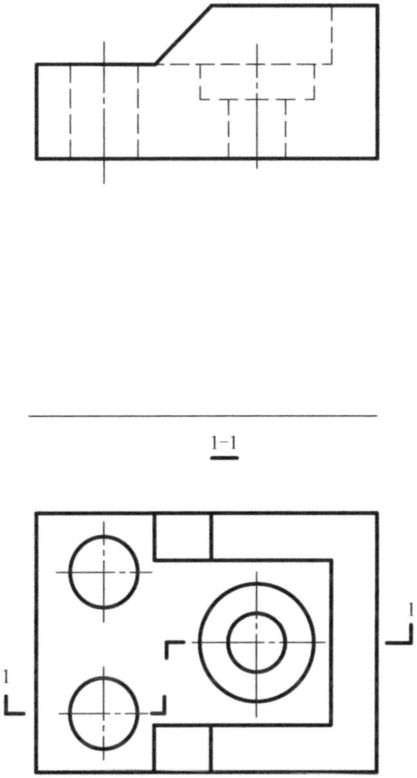

8-4 在指定的位置画出1-1全剖视图、2-2半剖视图。

(1)

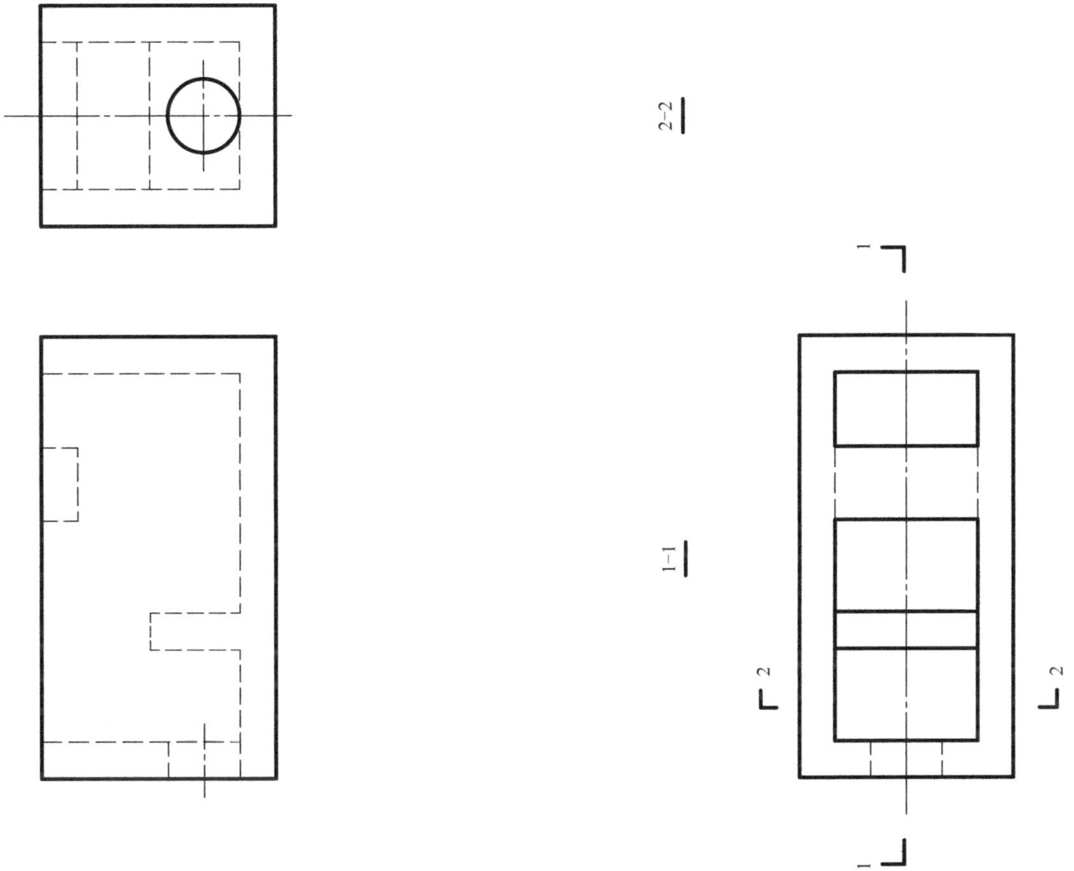

(2)

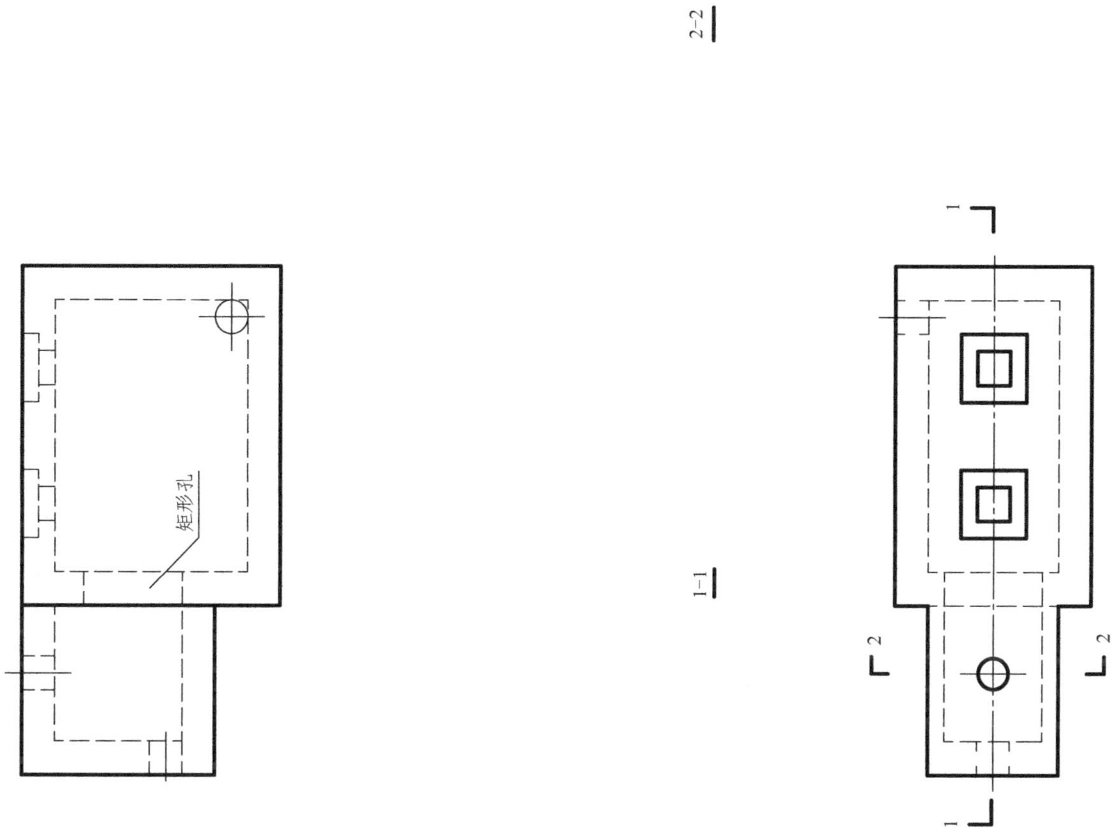

8-5 在投影图的下方画出1-1、2-2全剖视图及3-3半剖视图。

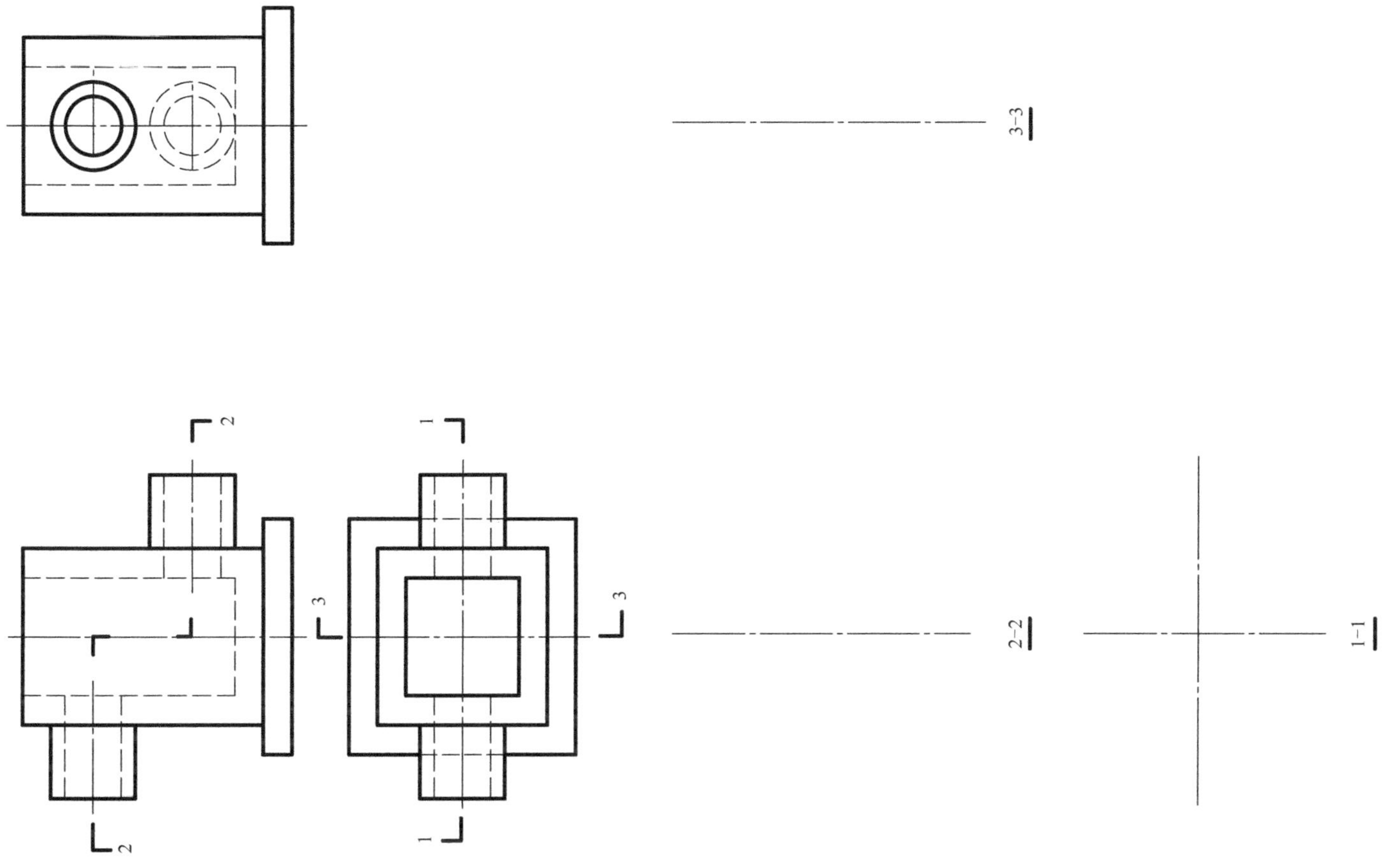

8-6 放大一倍画出指定位置的断面图。

(1)

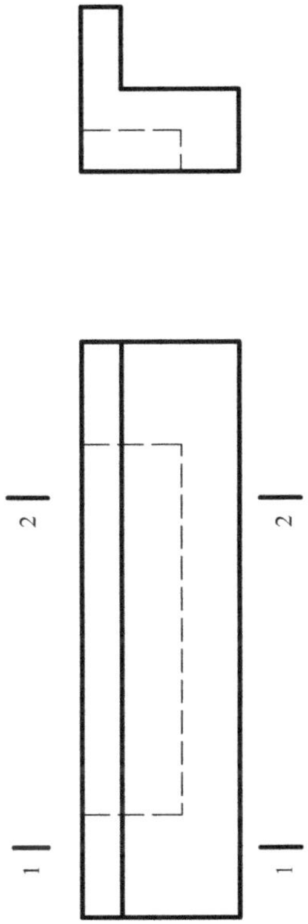

(2)

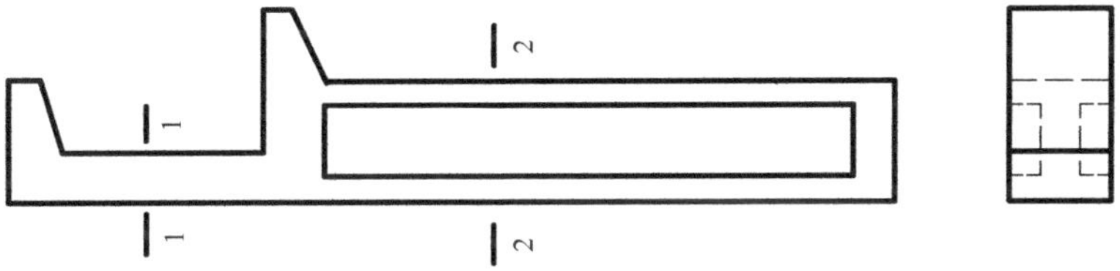

8-7 在A3图纸上用1:2的比例画下列组合题的剖视图，并标注尺寸(要求：正立面和左侧立面画成适当的剖视)。
图名：组合体剖视图。

(1)

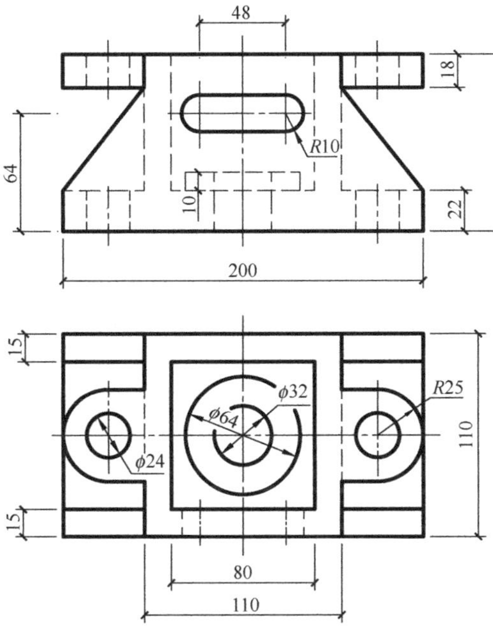

(2)

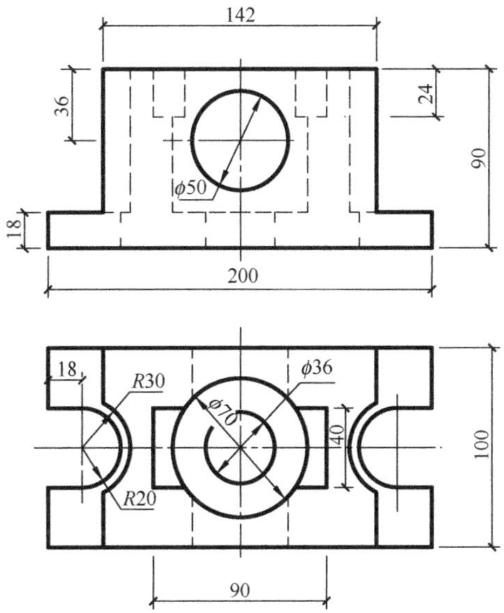

9-1 已知一单层平顶房屋的平、立、剖面图，要求：

(1)补全平面图中的尺寸，确定1-1剖面的位置，并画出剖切符号。

(2)补画2-2剖面图。要求：不注尺寸及标高，图线层次分明。

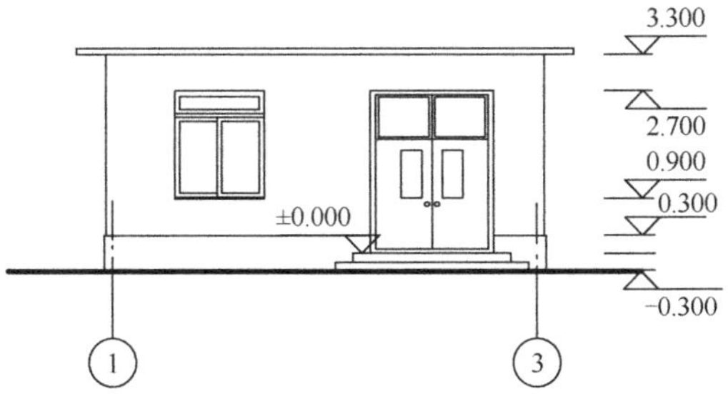

正立面图 1:100

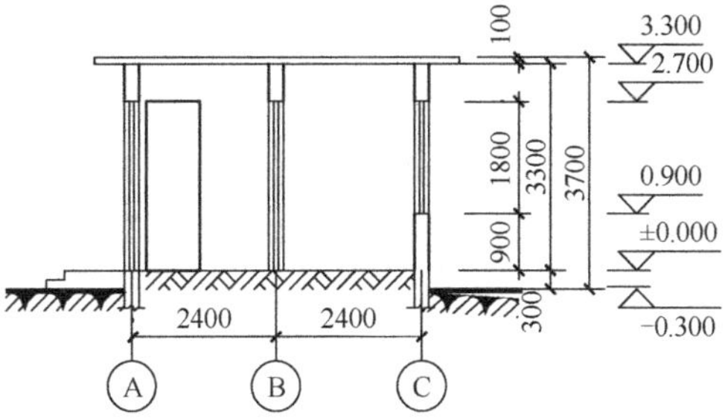

1-1剖面图 1:100

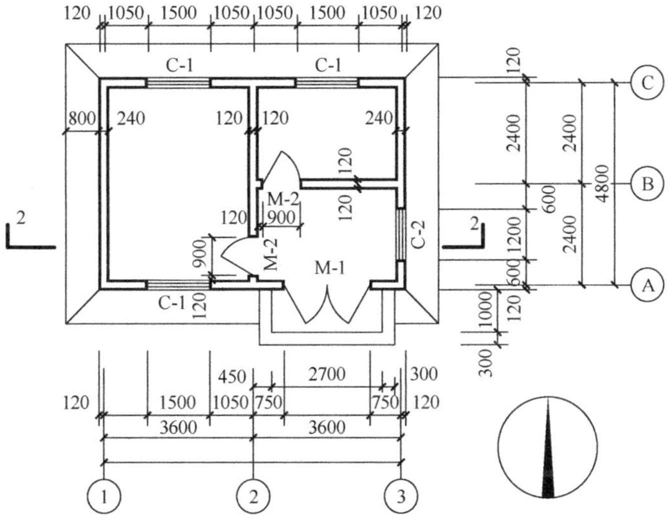

平面图 1:100

2-2剖面图 1:100

9-2 阅读作业中给定的建筑施工图，用A2图纸绘制底层平面图、南立面图、2-2剖面图。比例1∶100，图名：建筑施工图，粗线1mm，数字用3.5号字，文字用5号字。

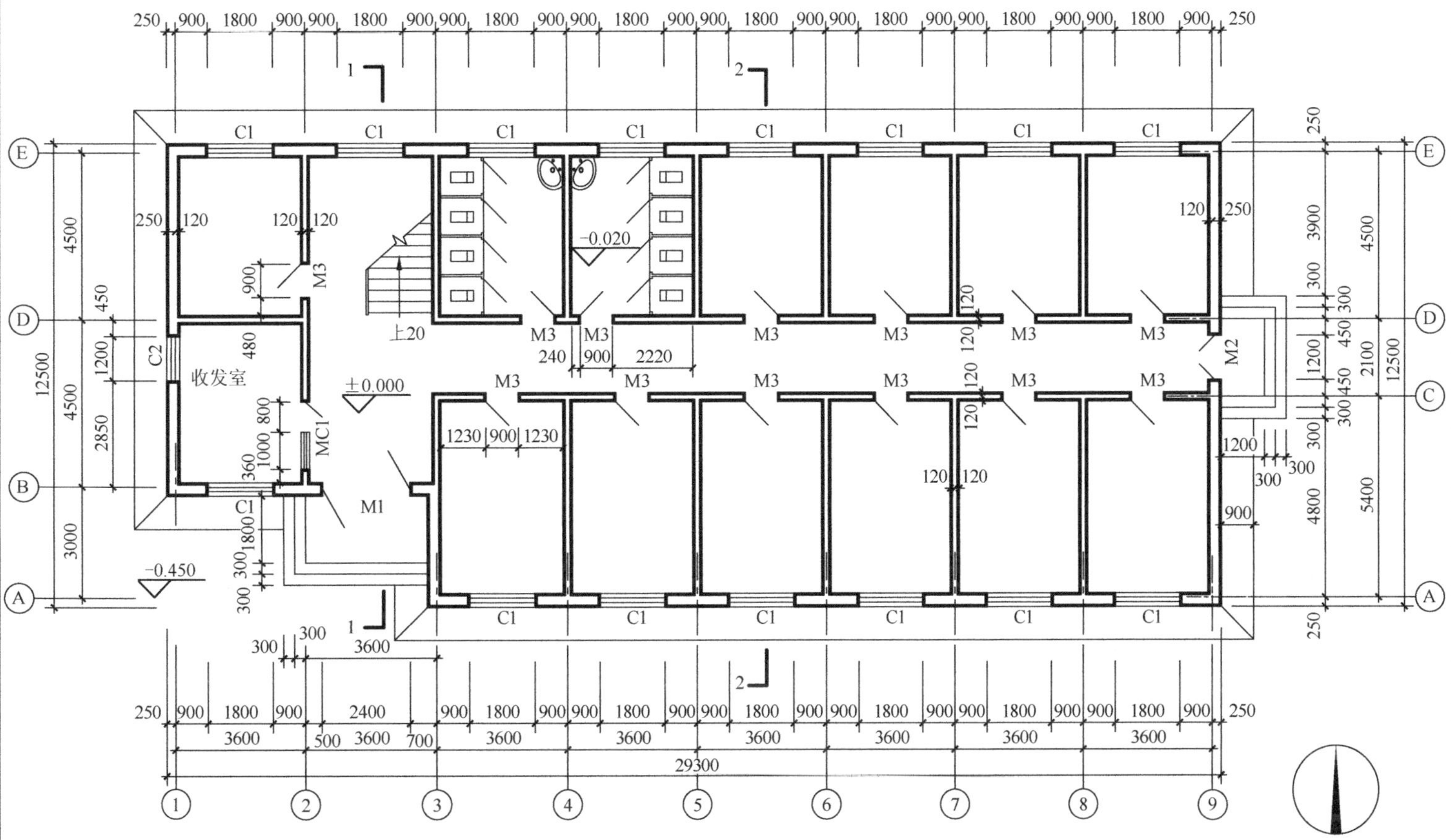

底层平面图 1:100

建筑平面图	班级		姓名		学号		74

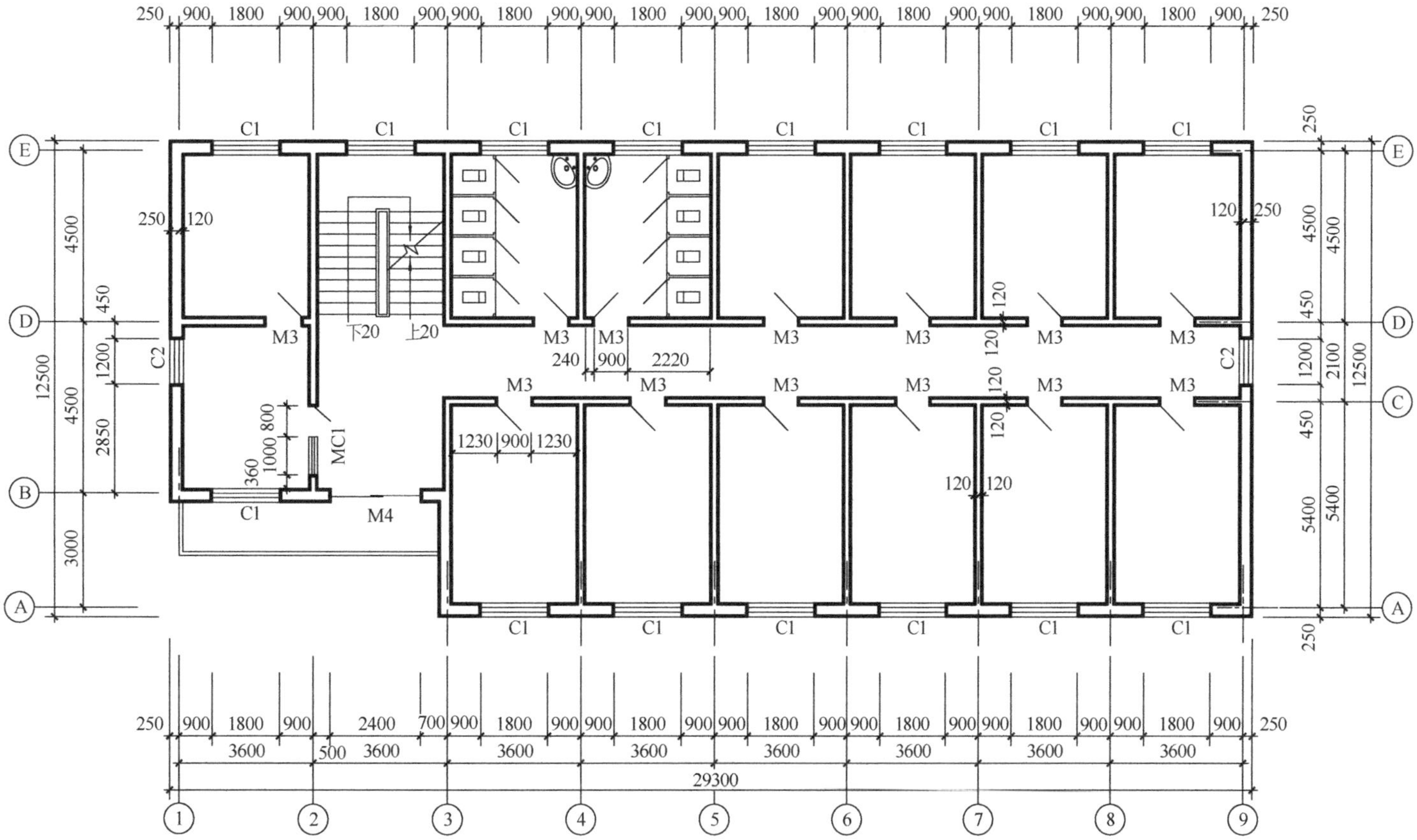

二层、顶层平面图 1:100

第九章 房屋建筑施工图	班级		姓名		学号		75

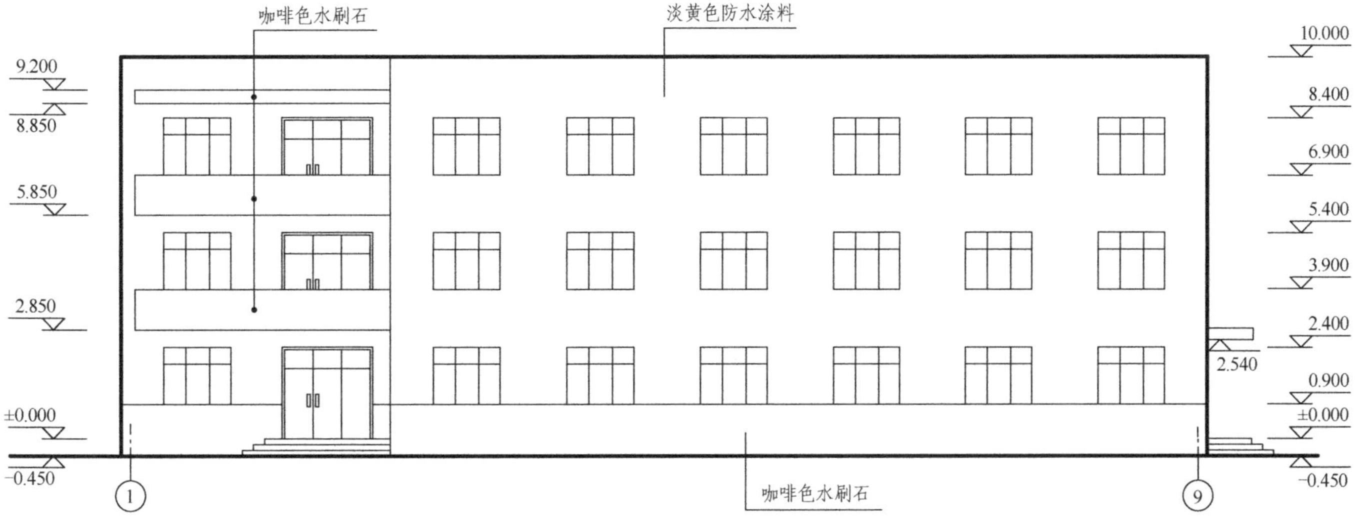
咖啡色水刷石
淡黄色防水涂料
9.200
8.850
5.850
2.850
±0.000
-0.450
10.000
8.400
6.900
5.400
3.900
2.400
2.540
0.900
±0.000
-0.450
1
9
咖啡色水刷石

南立面图 1:100

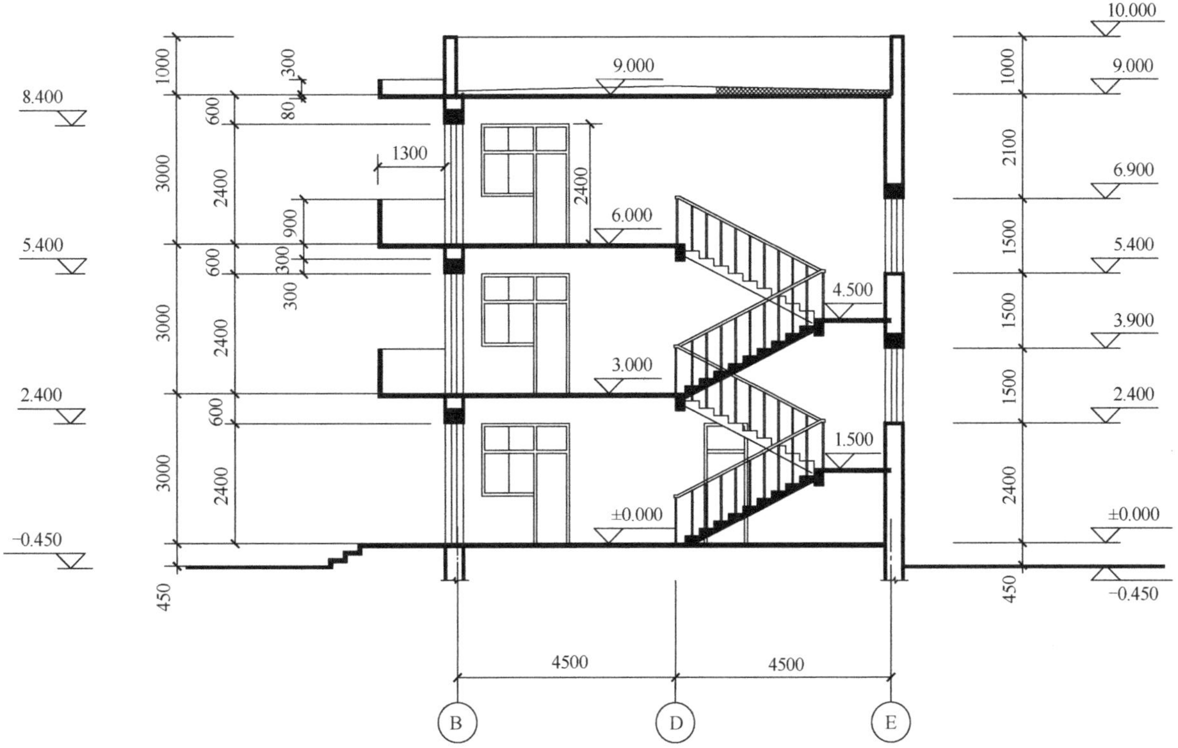
10.000
9.000
8.400
6.900
6.000
5.400
4.500
3.900
3.000
2.400
1.500
±0.000
−0.450
1000
300
80
600
3000
2400
1300
900
2100
1500
450
4500
B
D
E

1-1剖面图 1:100

9-3　用A2图纸抄绘楼梯间平面图、楼梯剖面图和节点图。粗线1mm，数字用3.5号字，文字用5号字，图名：楼梯详图。

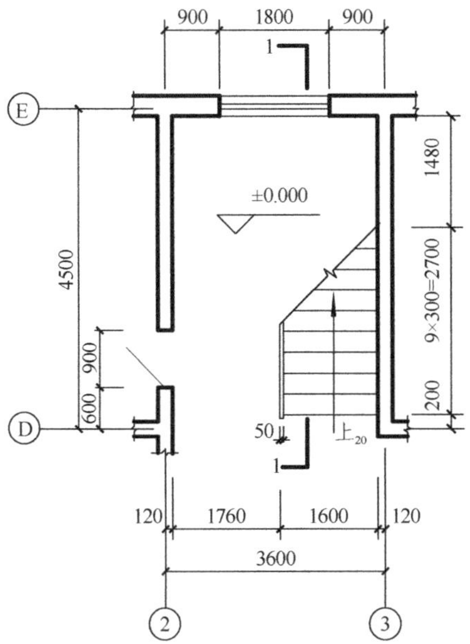

底层平面图　1:50

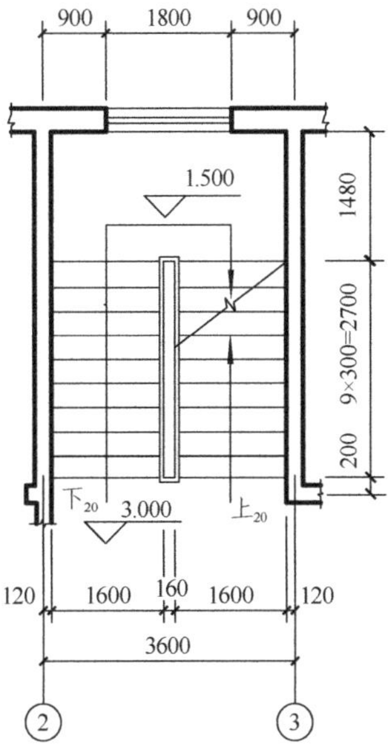

标准层平面图　1:50

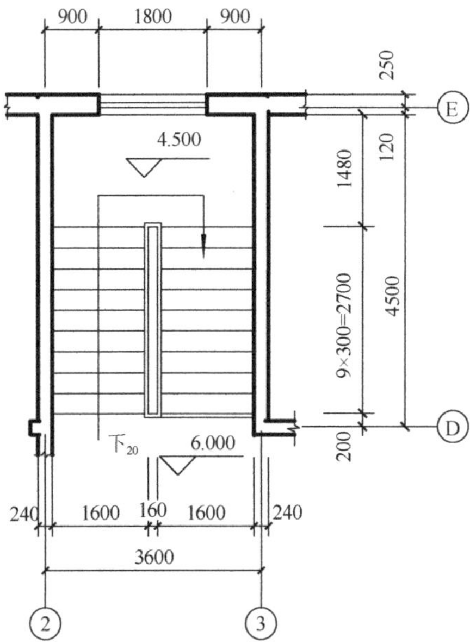

顶层平面图　1:50

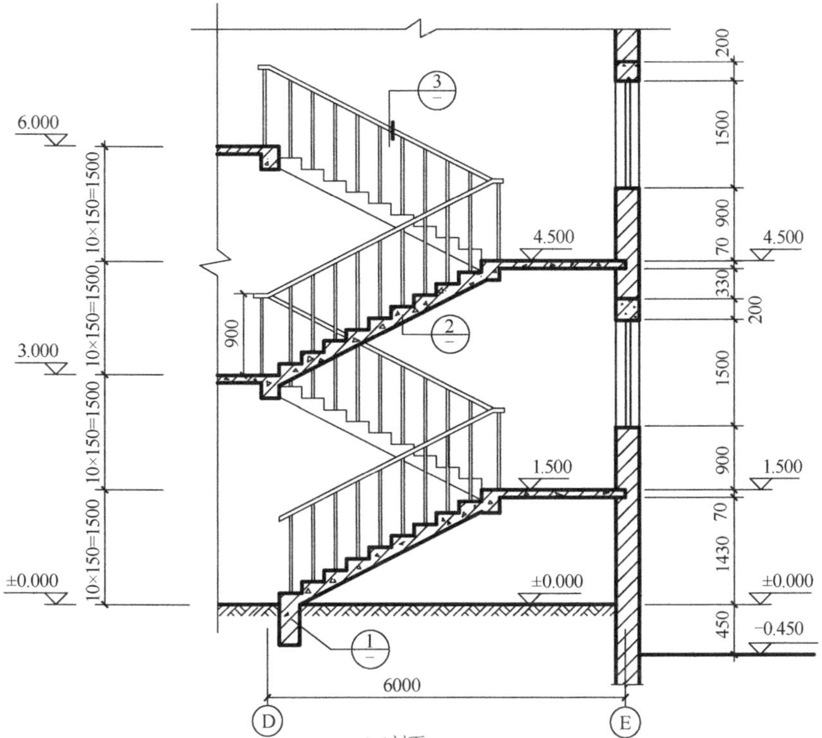

1-1剖面 1:50

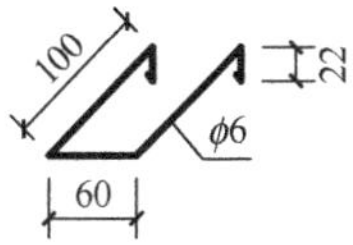

5 1:3

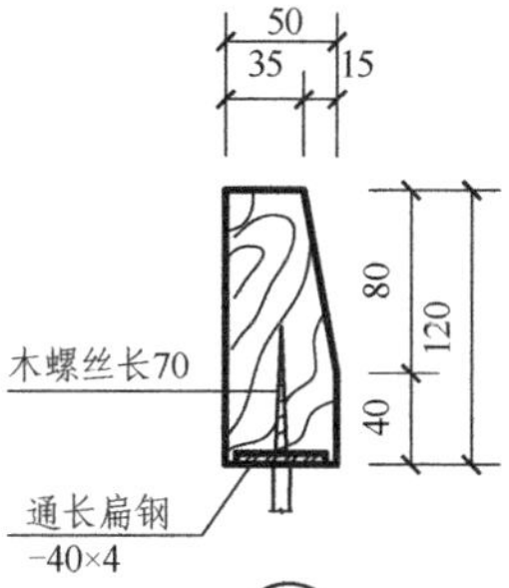

3 1:20

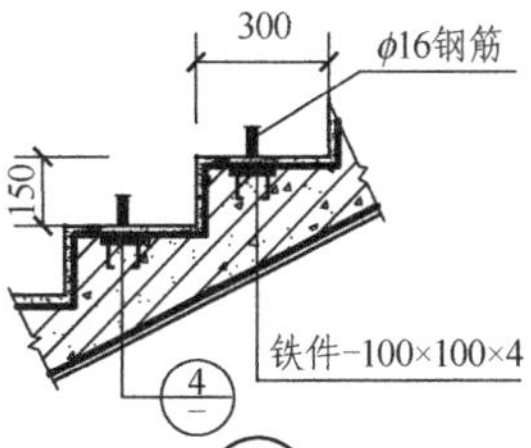

2 1:20

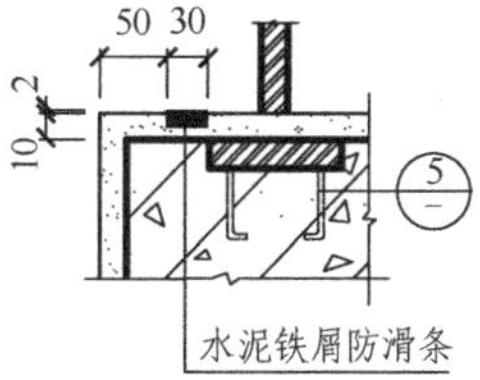

4 1:5

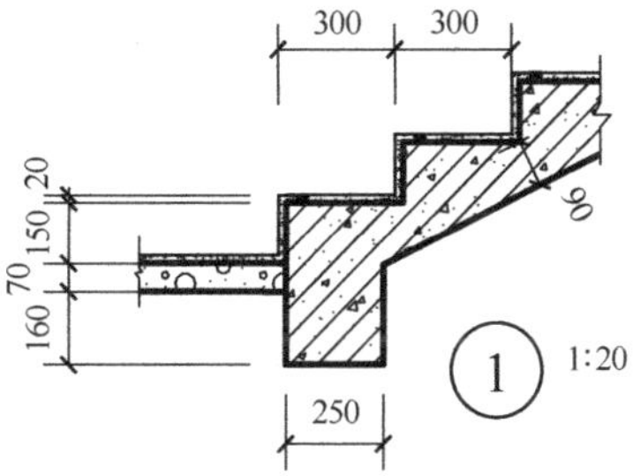

1 1:20

10-1　用A3图纸抄绘基础平面布置图及断面图。基础墙、大放脚轮廓、室内外地坪用粗线，其余用细线。尺寸数字3.5号，文字5号。

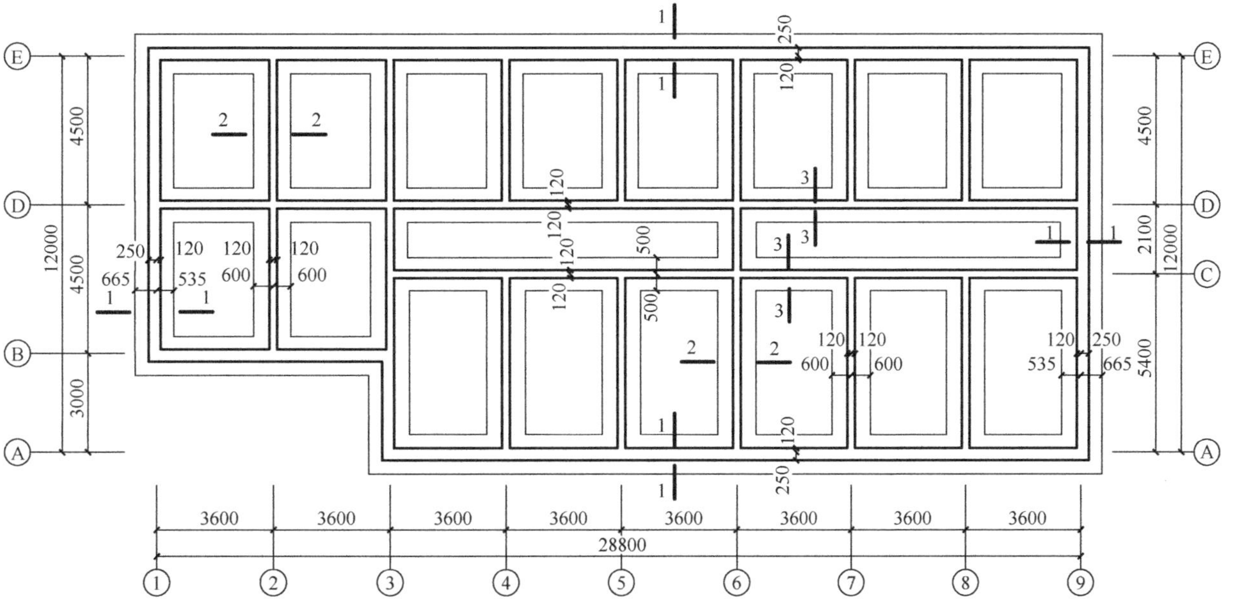

基础平面布置图　1:100

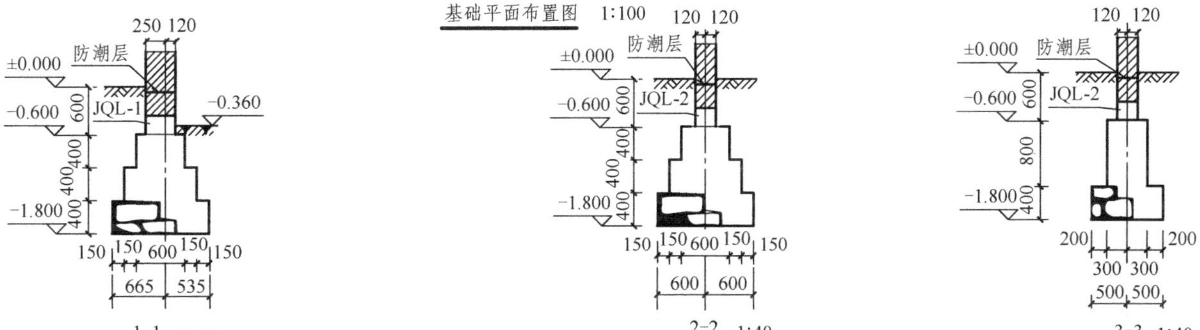

基础剖面图　1:40

10-2　用A3图纸抄绘标准层平面布置图、XJB配筋图和详图。

(1)比例：标准层平面布置图1:100、XJB配筋图1:50、详图1:20。

(2)线型：钢筋和断面图轮廓用粗实线，其余用细实线。

(3)字号：尺寸数字3.5号，文字5号。

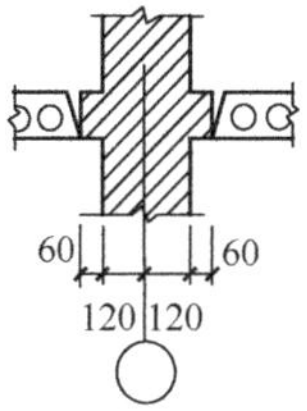

1-1　1:20

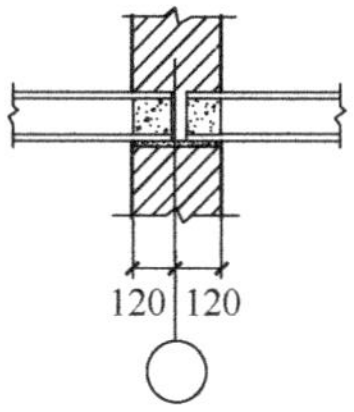

2-2　1:20

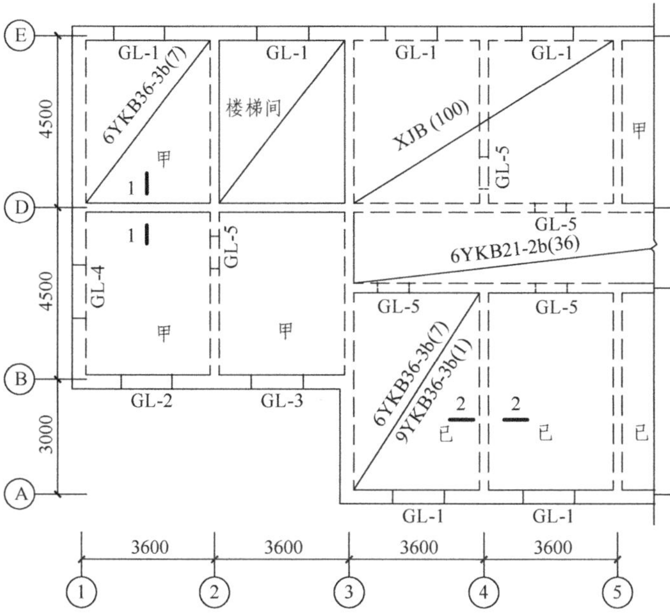

标准层结构布置图　1:100

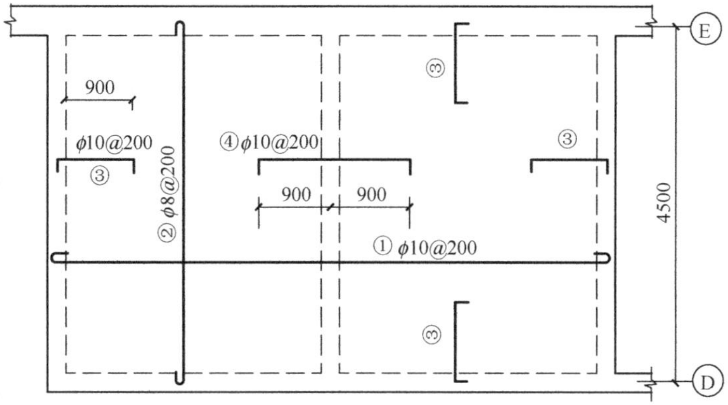

XJB　1:50

10-3　用A3图纸画出钢筋混凝土简支梁的施工图。

(1) 内容：已知条件见作业图样，要求用A3图纸画出梁的施工图(模板图、配筋图、钢筋详图、钢筋材料表)。

(2) 比例：配筋图中的立面图用1∶30，断面图用1∶20，钢筋详图用1∶30。

(3) 线型：钢筋用粗实线0.9mm，结构外轮廓用细实线0.25mm。

(4) 字号：

①尺寸数字、钢筋编号为3.5号。

②材料表中的汉字、截面编号为5号。

③图名用7号。

(5) 注意事项：

①图面布置建议如图1。由于简支梁外形简单，把配筋图与模板图合并(用一个立面图和3个位置的断面图表示)。

②钢箍在配筋图的立面图中画出3或4支即可。

③梁中受力钢筋的净保护层取25mm。

④图名为钢筋混凝土简支梁。

⑤钢筋材料表格如图2，由于已画钢筋详图，简图中尺寸可省略。钢筋表外框用粗实线，内部分格用细实线。

⑥弯筋长度的计算方法和标注、箍筋的尺寸计算和标注详见教材，标准弯钩长度为6.25d。

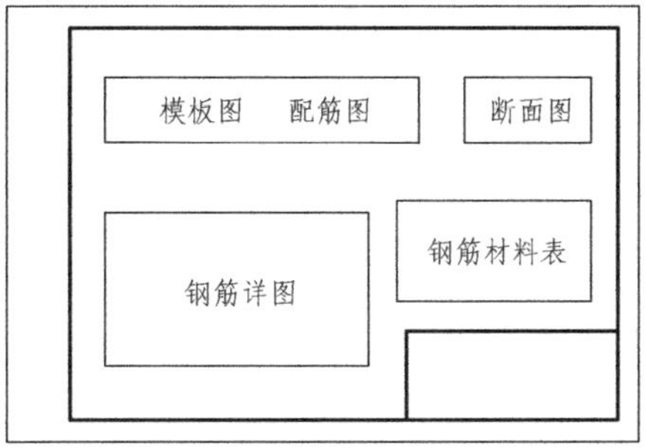

图 1

钢 筋 材 料 表

编号	简　图	直径	长度	根数	共长

图 2

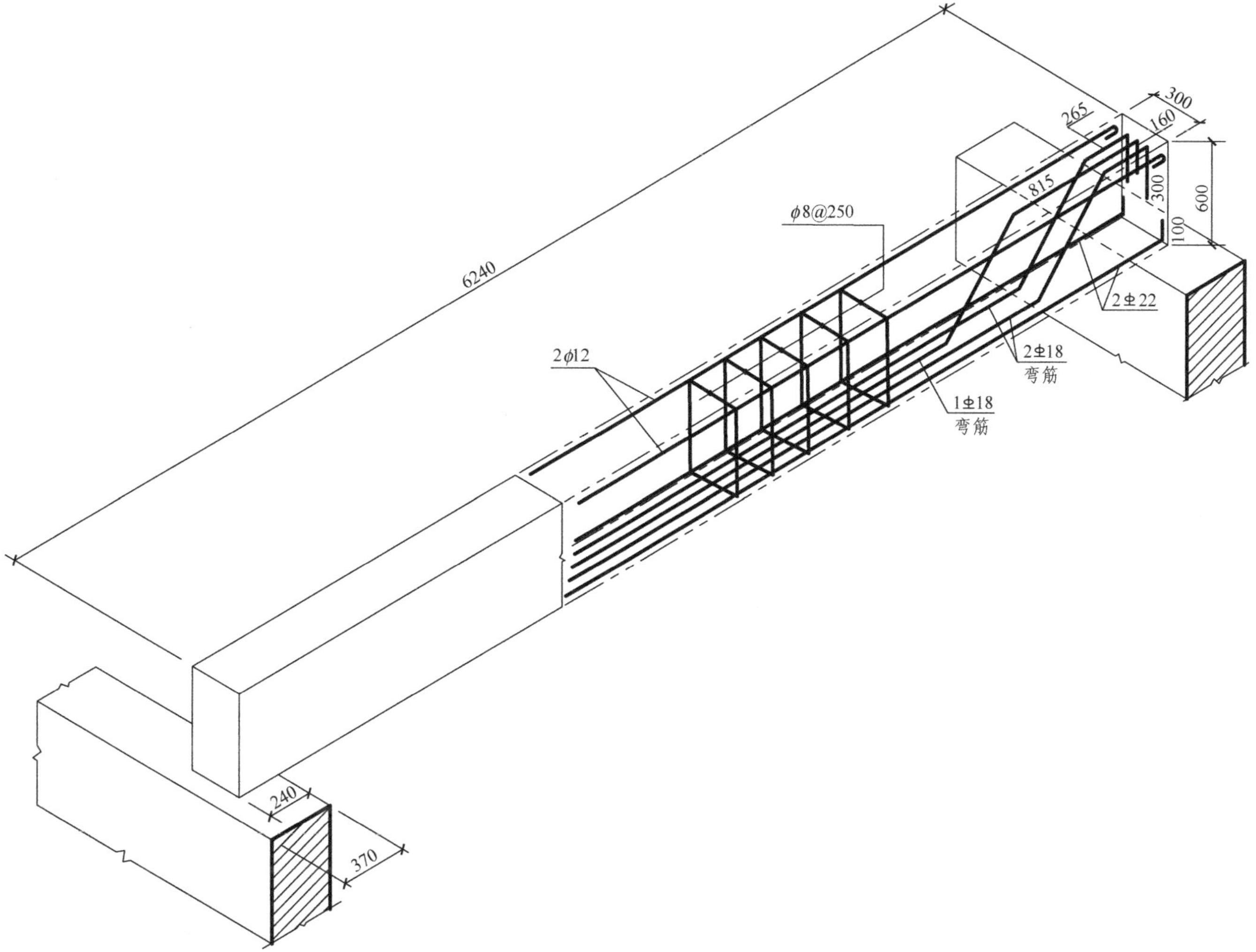
6240
300
265
160
815
300
600
100
φ8@250
2φ12
2⌀22
2⌀18
弯筋
1⌀18
弯筋
240
370

10-4　用A4图纸抄绘女儿墙详图。钢筋用粗线，其余用细线，比例自定。

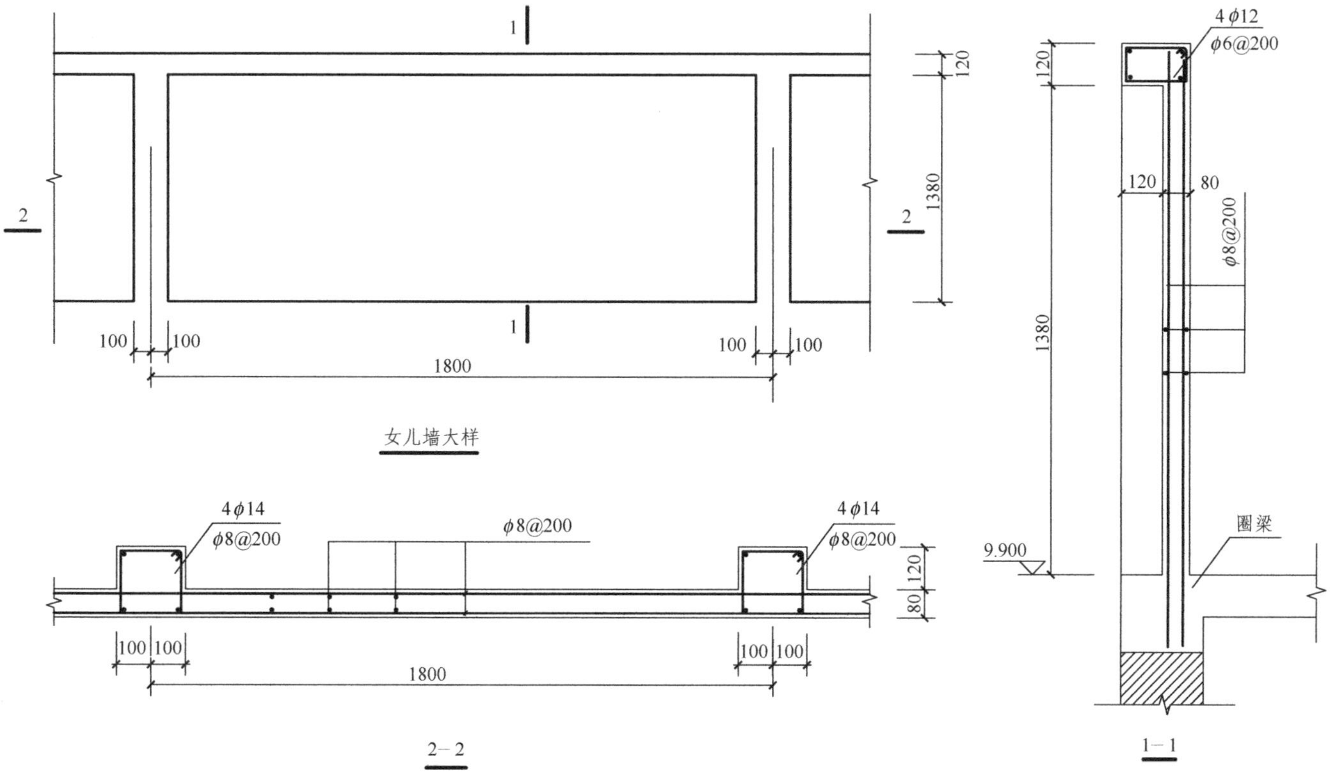

11-1　求点A在Q面上的落影。

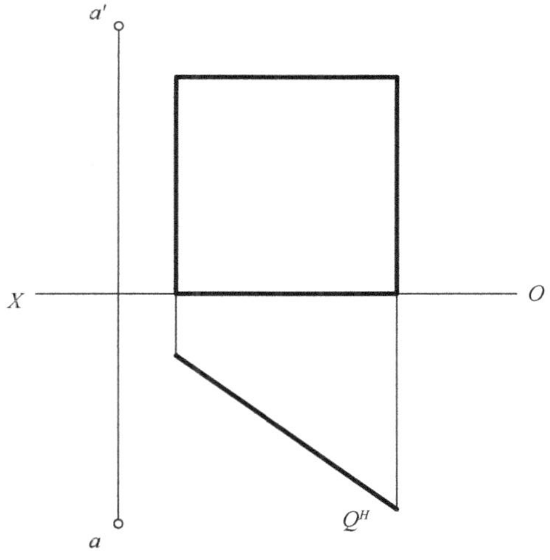

11-2　求点C在立体表面上的落影。

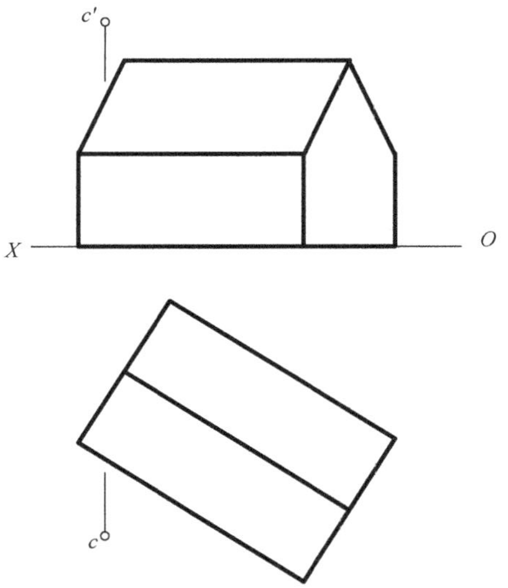

11-3　求点A在R面上的落影。

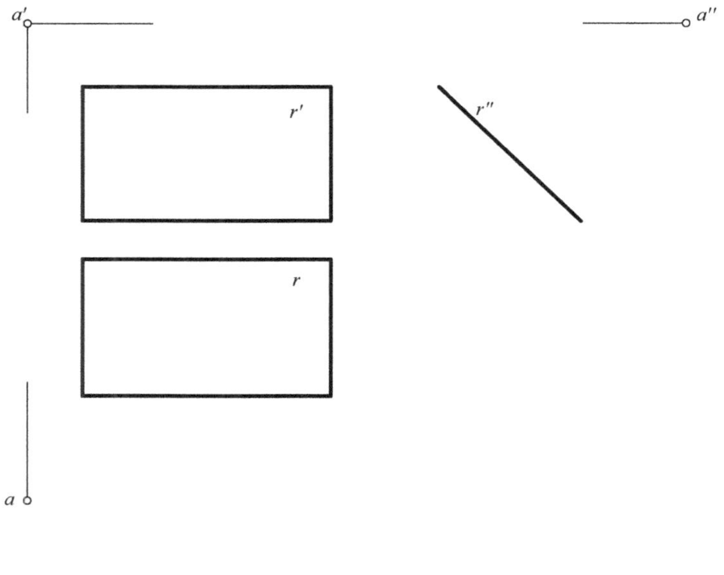

11-4　求直线在投影面上的落影。

(1)

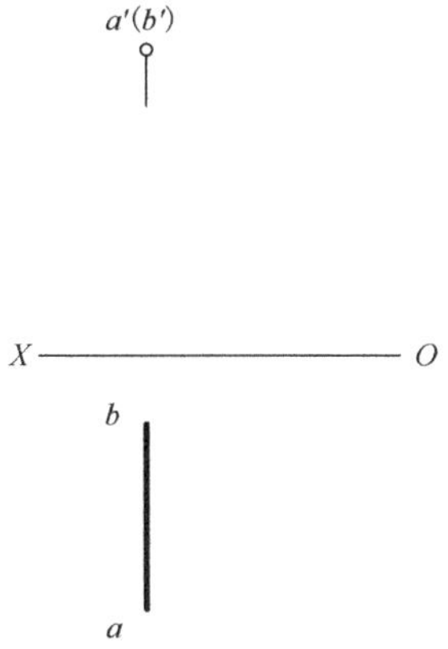

(2)

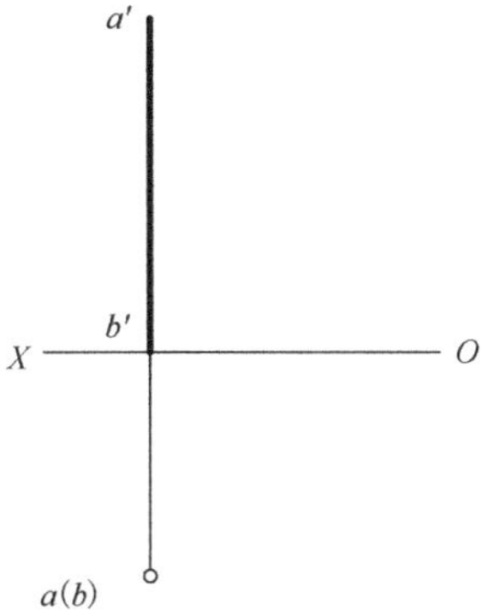

(3)

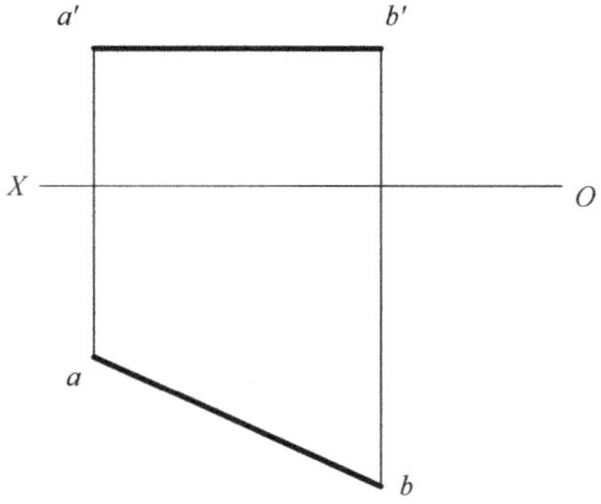

(4)

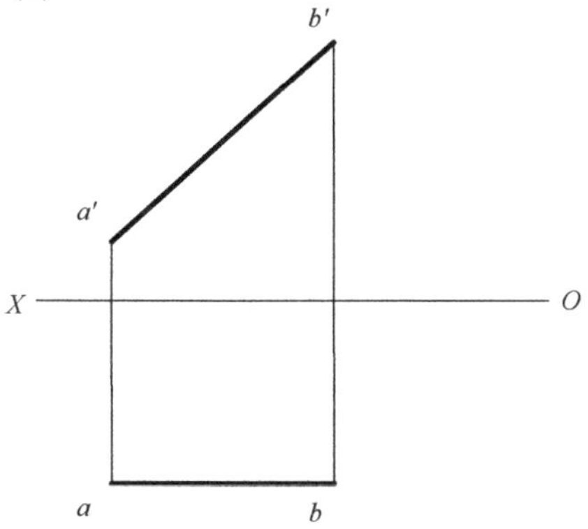

(5)

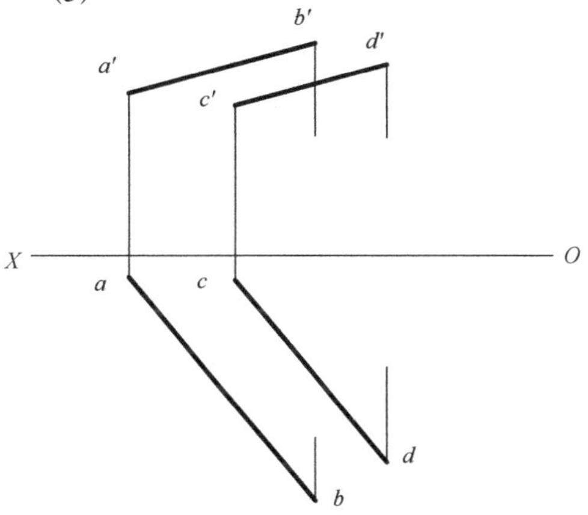

11-5　求*AB*在投影面和*R*面上的落影。

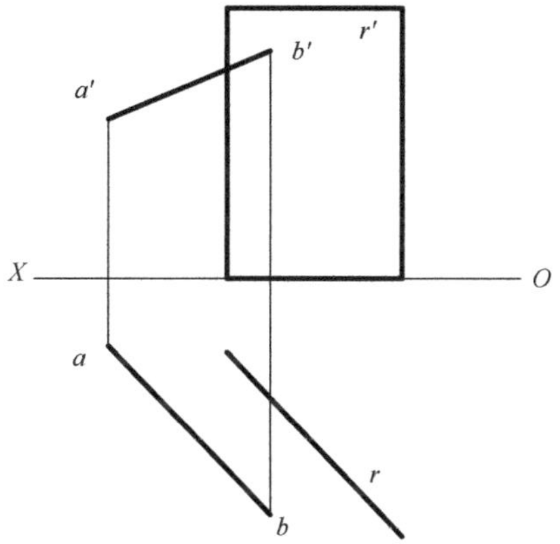

11-6　求平面图形的落影。

(1)

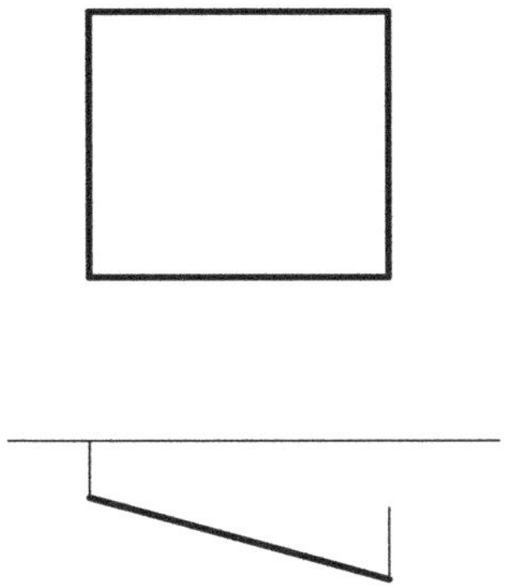

(2)

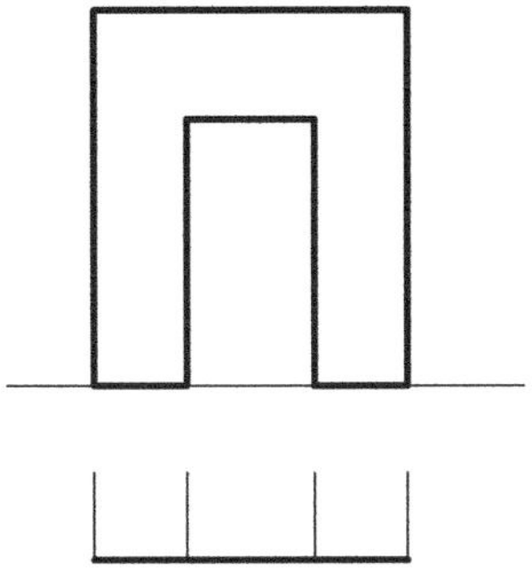

(3)

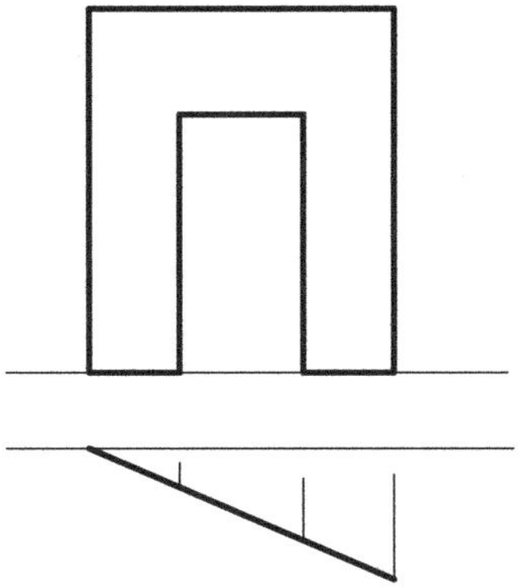

(4)

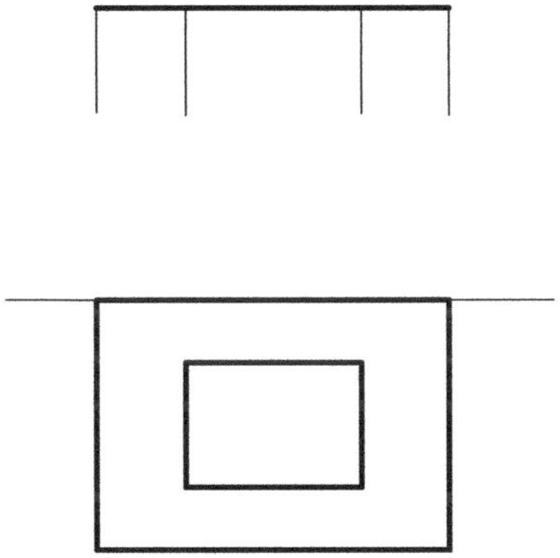

(5)

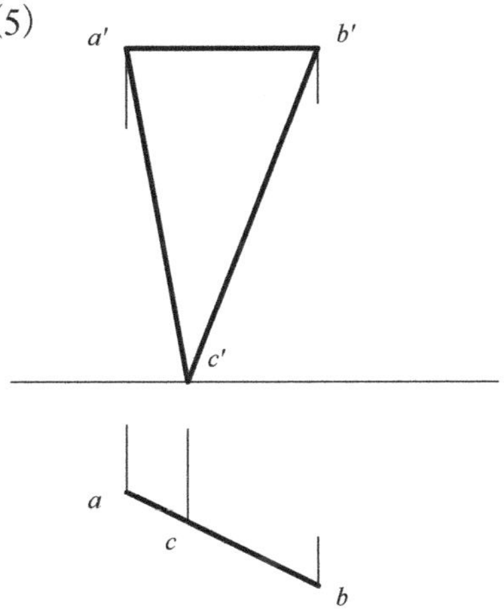

(6)

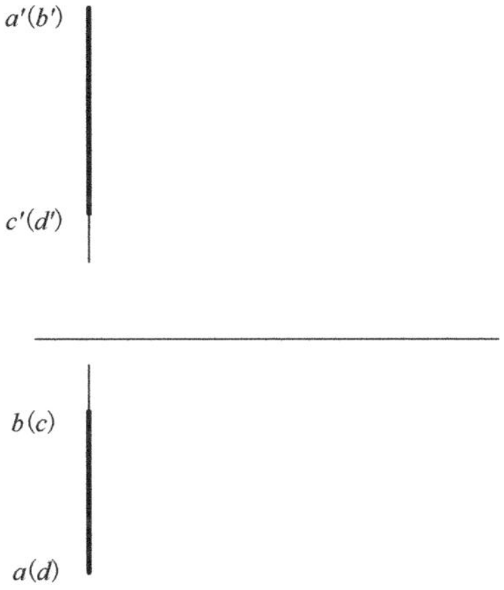

11-7　求下列立体的阴影。

(1)

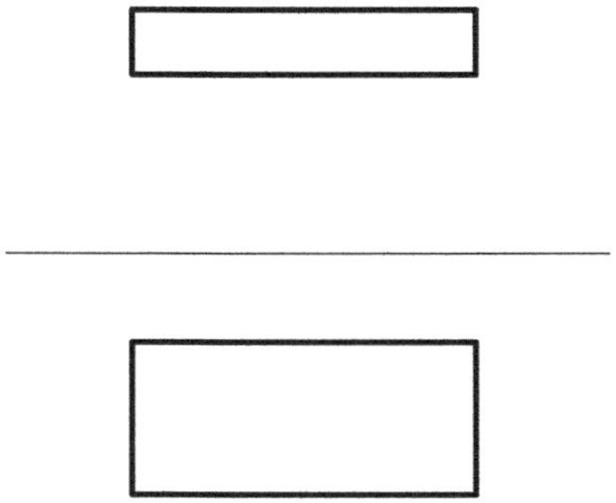

(2)

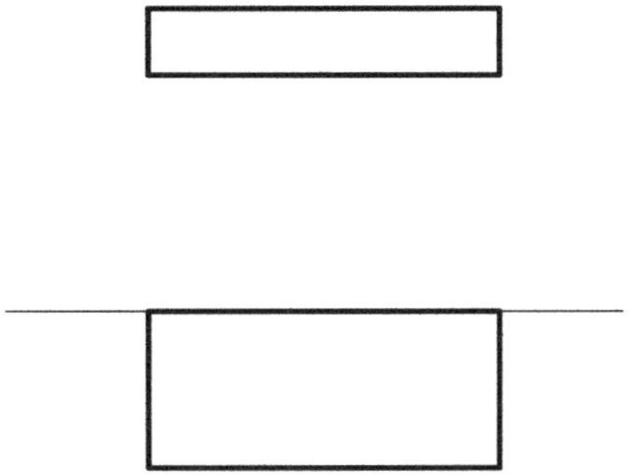

(3)

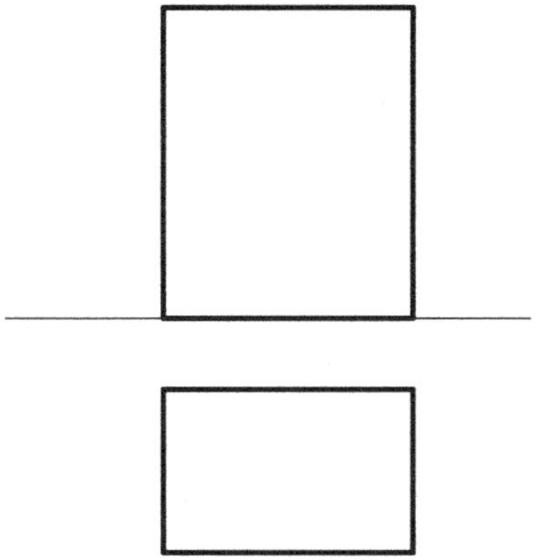

(4)

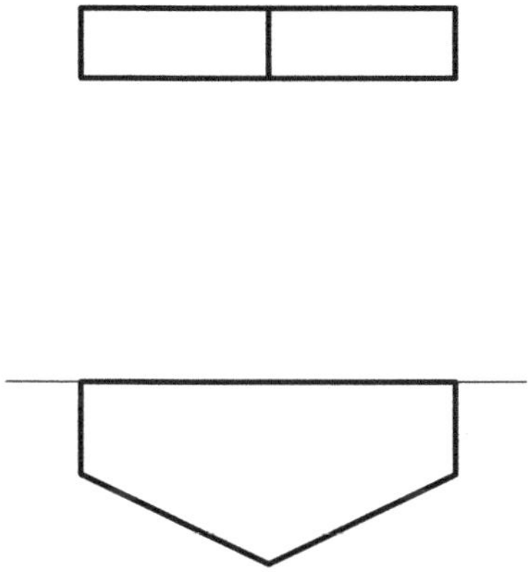

(5)

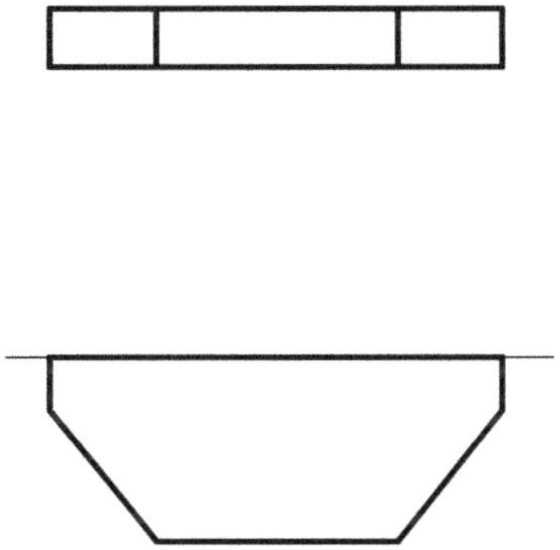

(6)

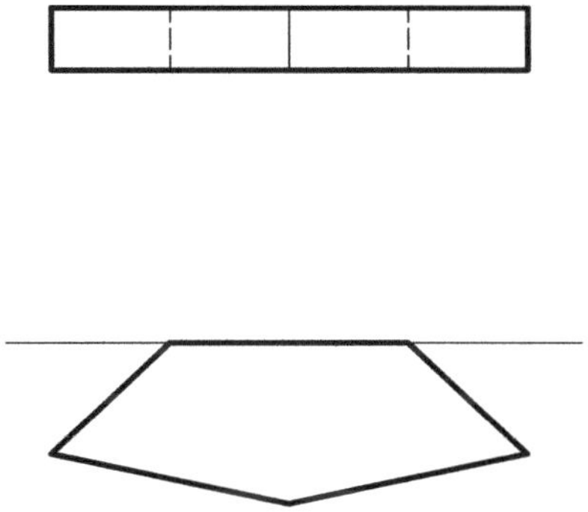

11-8　求组合形体的阴影。

(1)

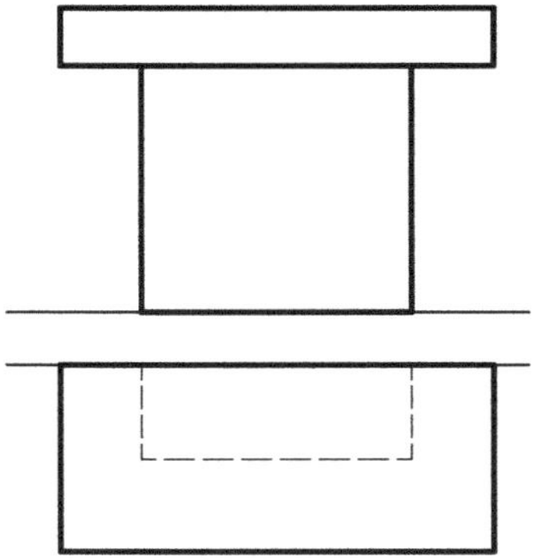

(2)

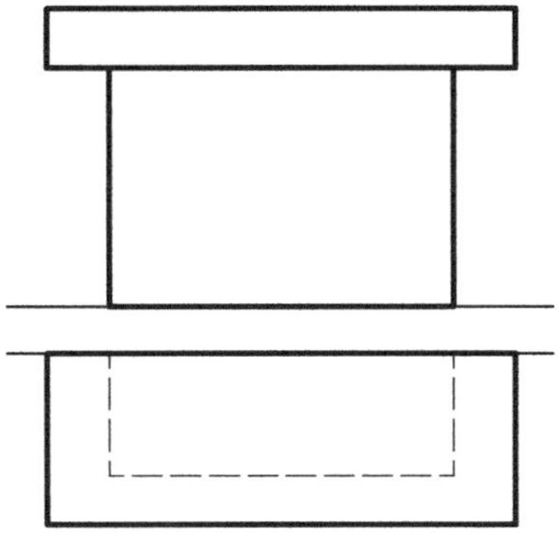

(3)

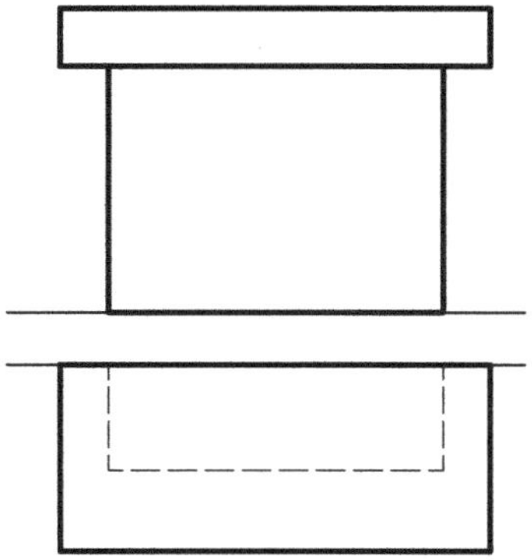

(4)

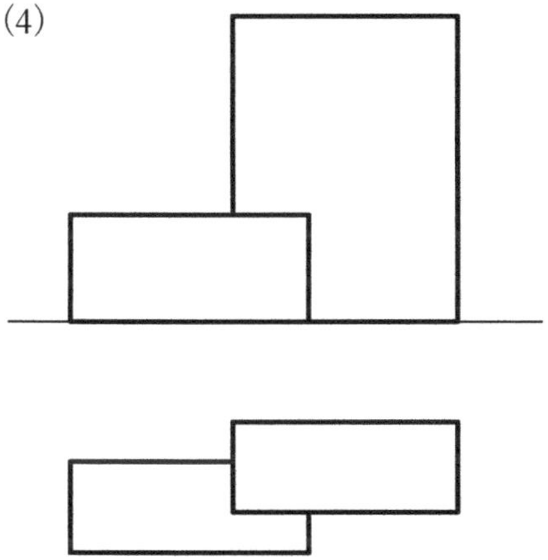

(5)

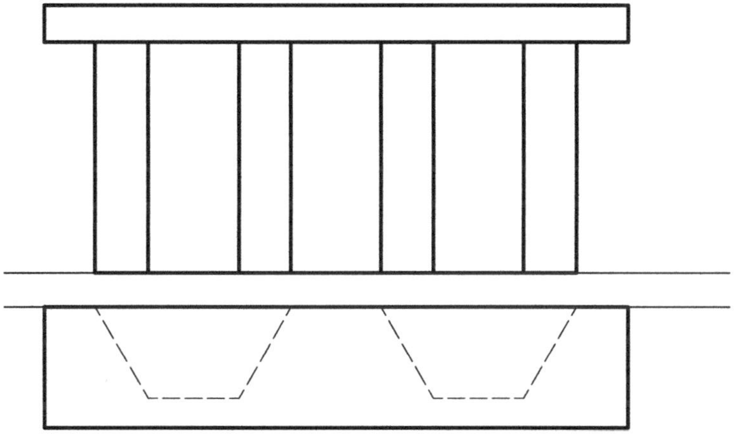

11-9　求各种窗洞的阴影。

(1)

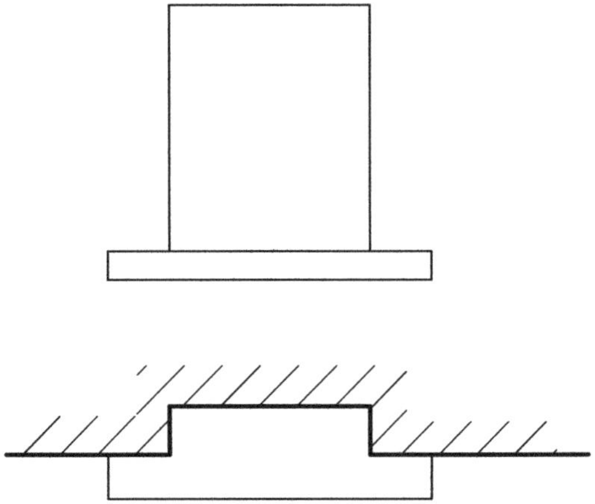

(2)

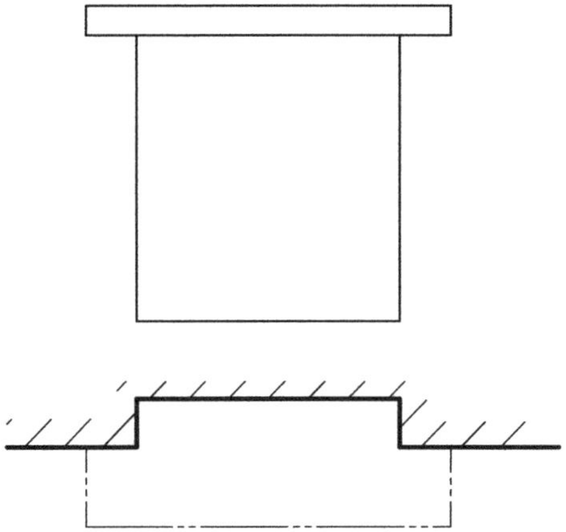

(3)

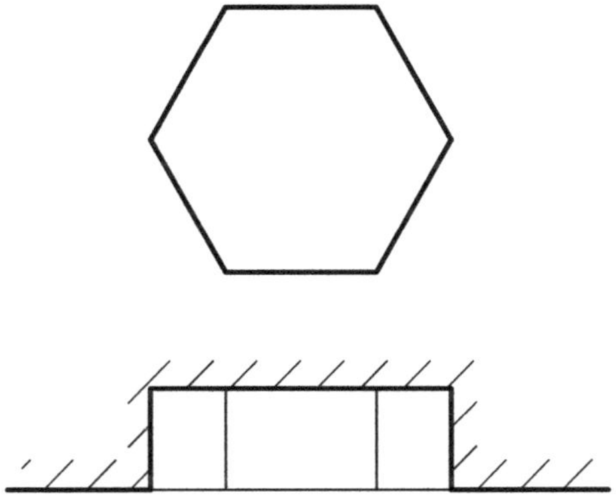

(4)

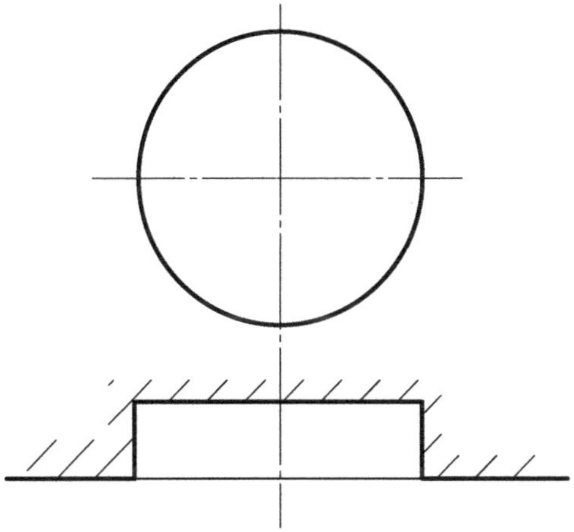

11-10 求各种门洞、门廊的阴影。

(1)

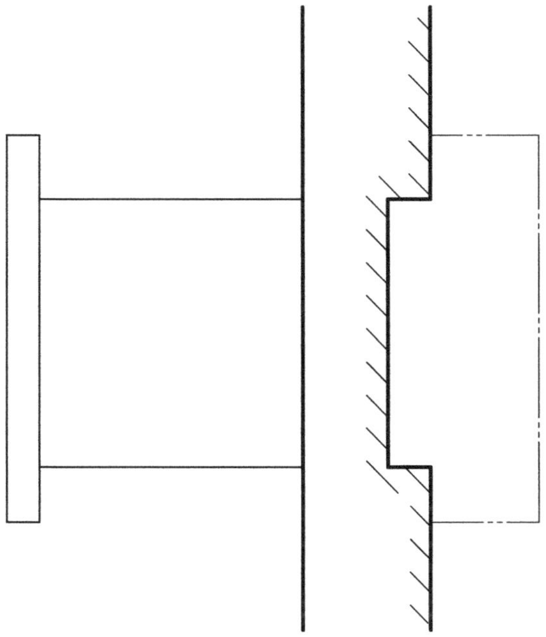

(2)

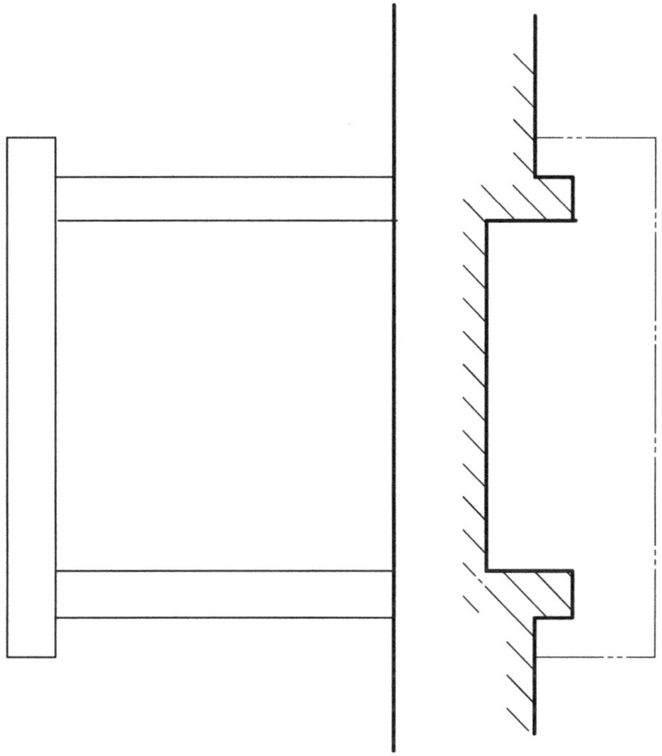

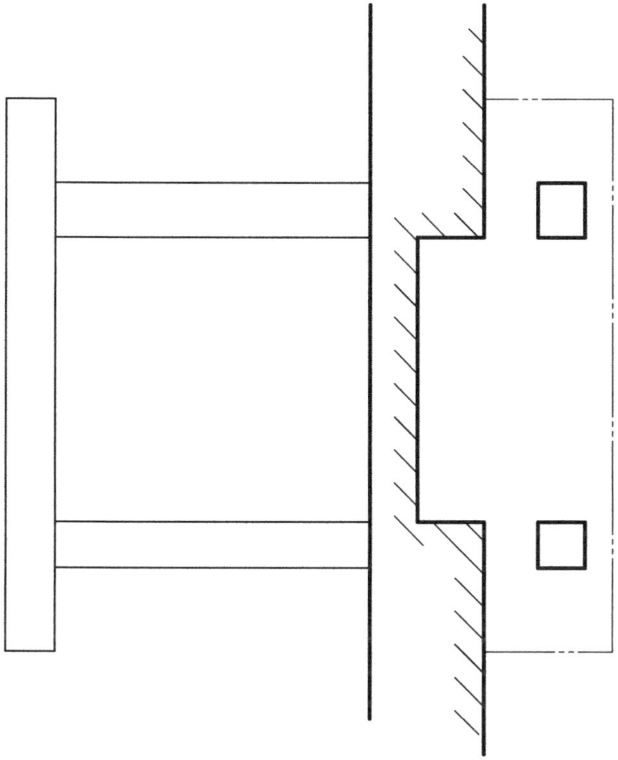

(3)

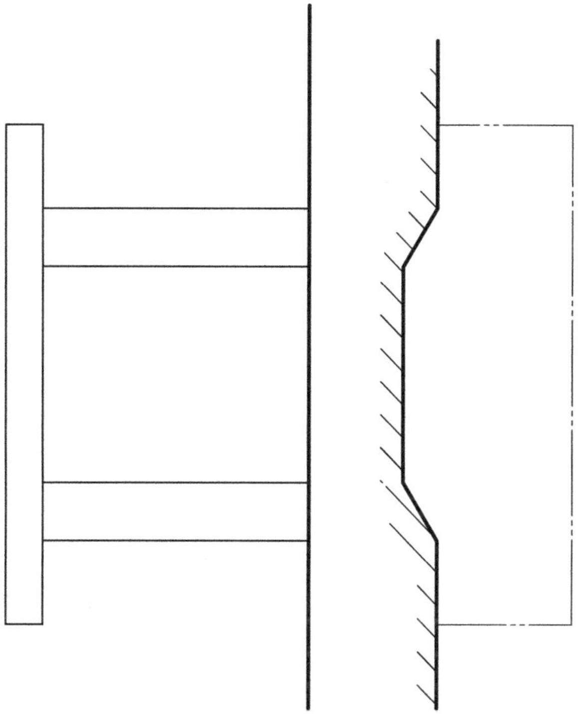

(4)

11-11 求台阶的阴影。

(1)

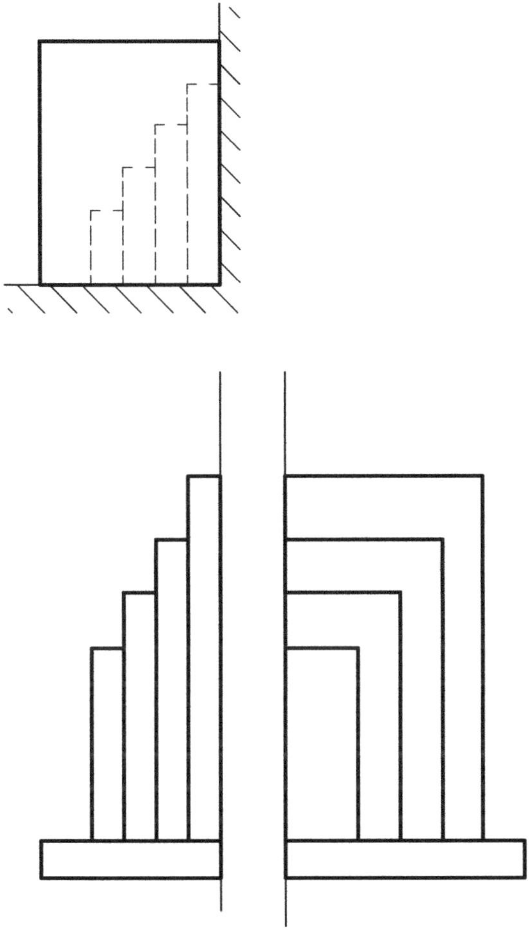

(2)

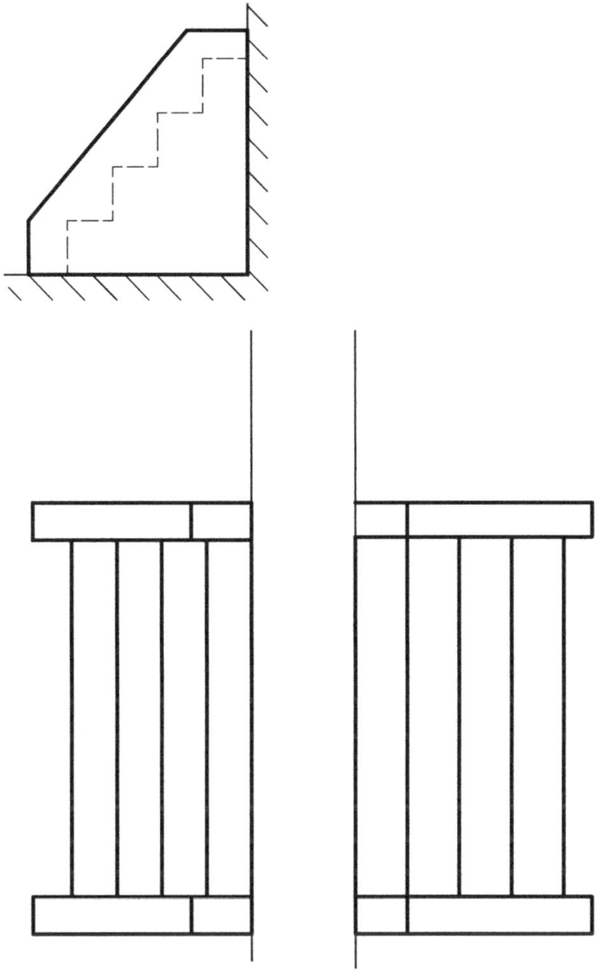

11-12 求曲面组合形体的阴影。

(1)

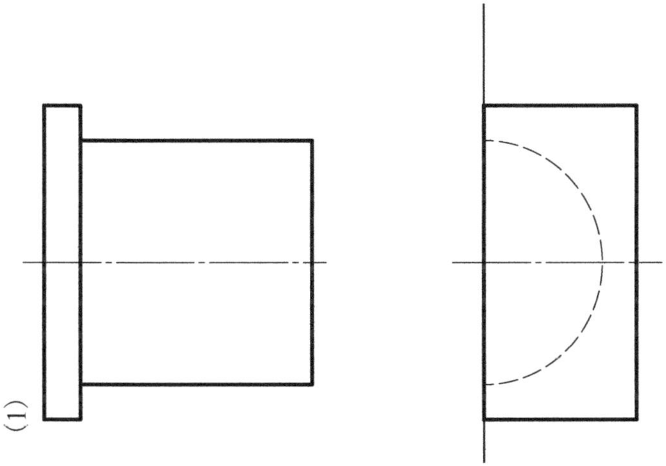

(2)

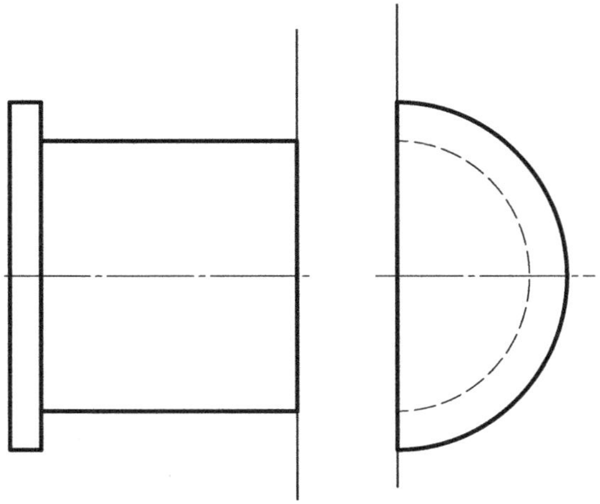

(3)

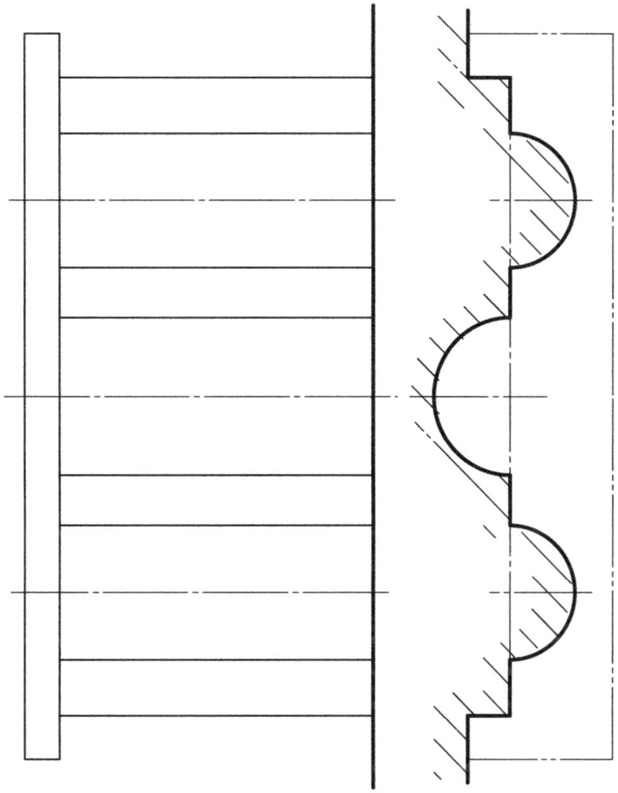

12-1　用建筑师法求直线的透视。

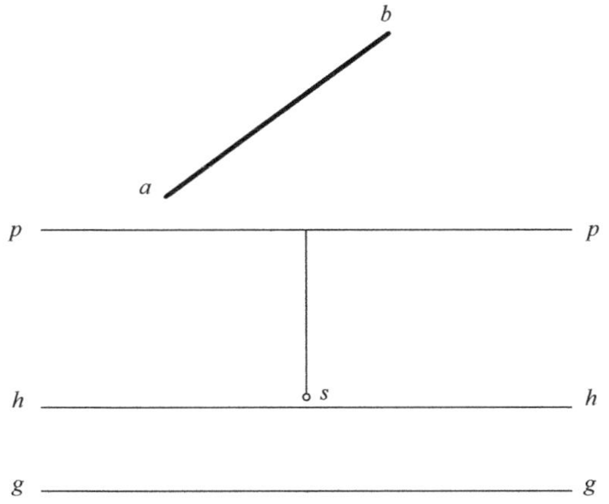

12-2　用建筑师法求画面垂直线的透视。

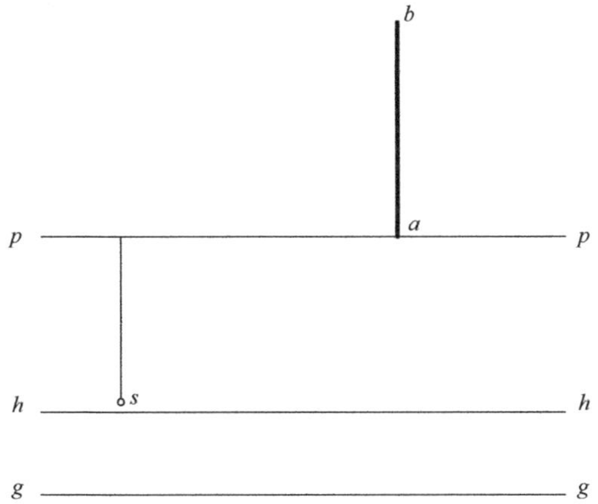

12-3　用建筑师法求平面在不同高度基面上的透视。

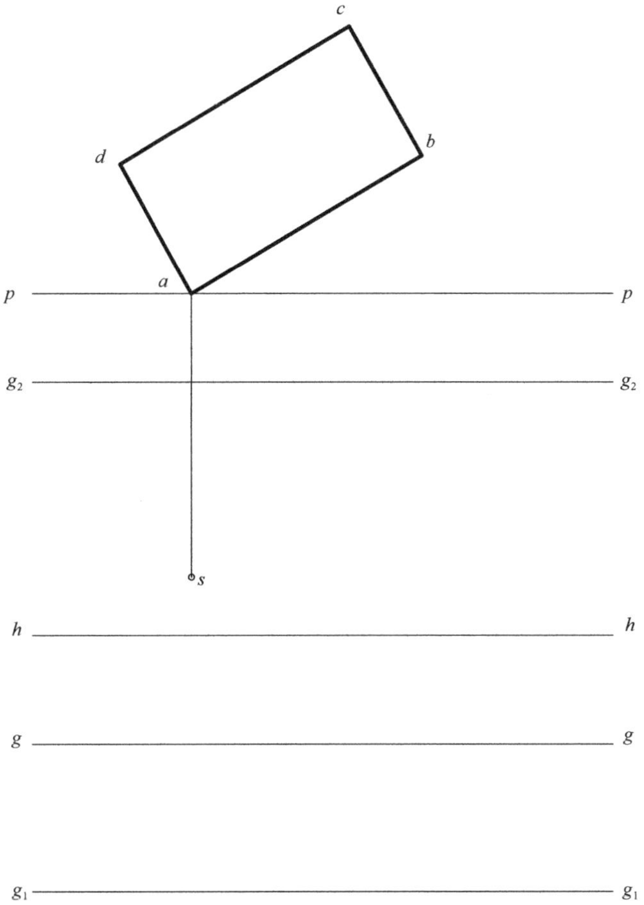

12-4 用建筑师法求组合长方体的透视。

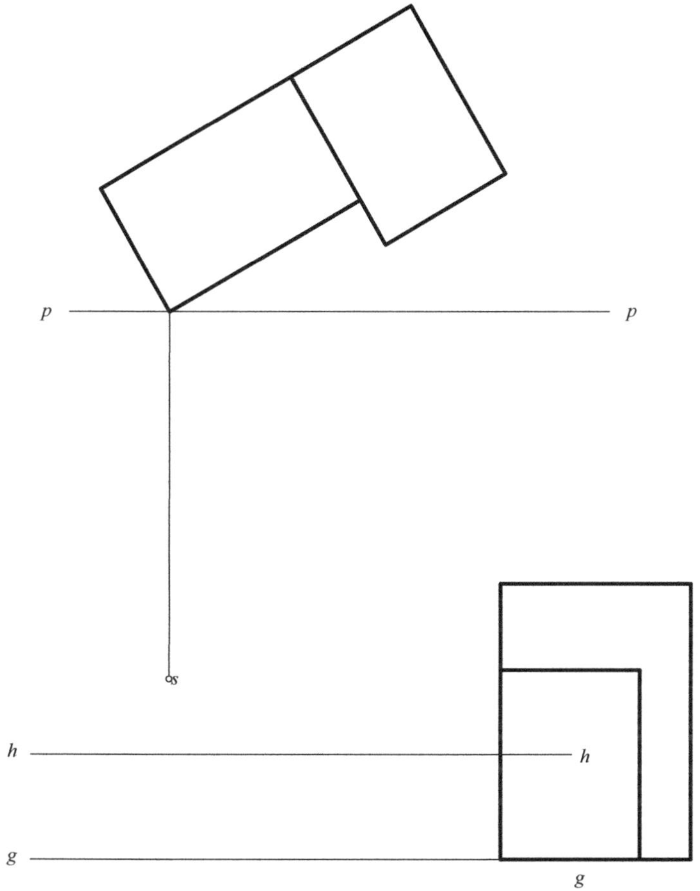

侧立面图

12-5 用建筑师法求建筑形体的透视。

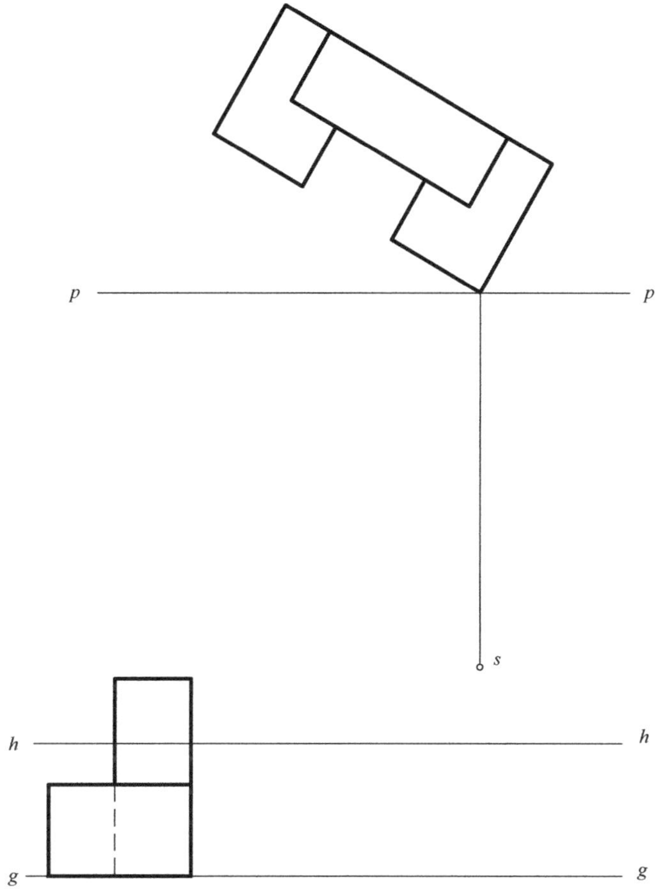

侧立面图

12-6 用建筑师法求建筑形体的透视。

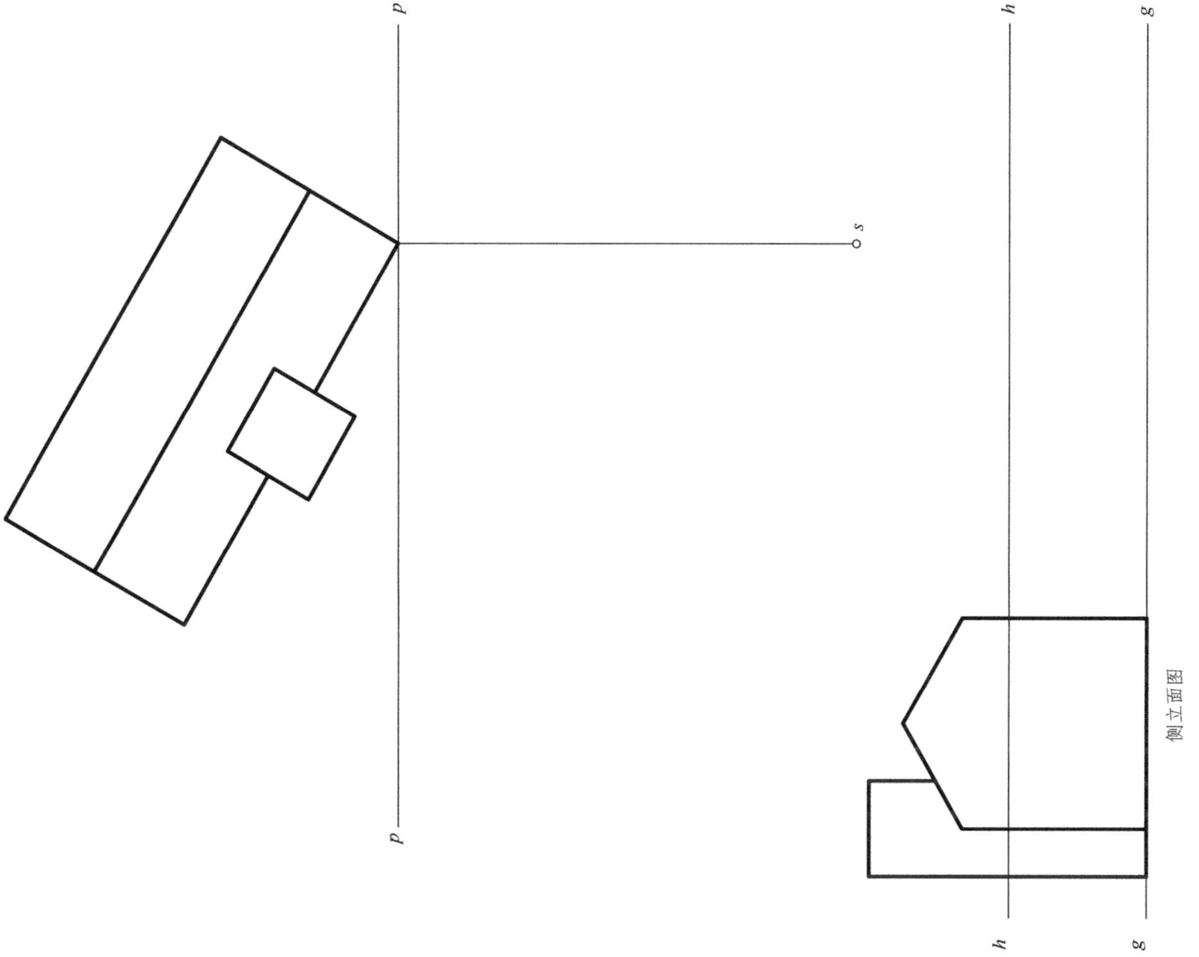

12-7　用建筑师法求建筑形体的一点透视。

(1)

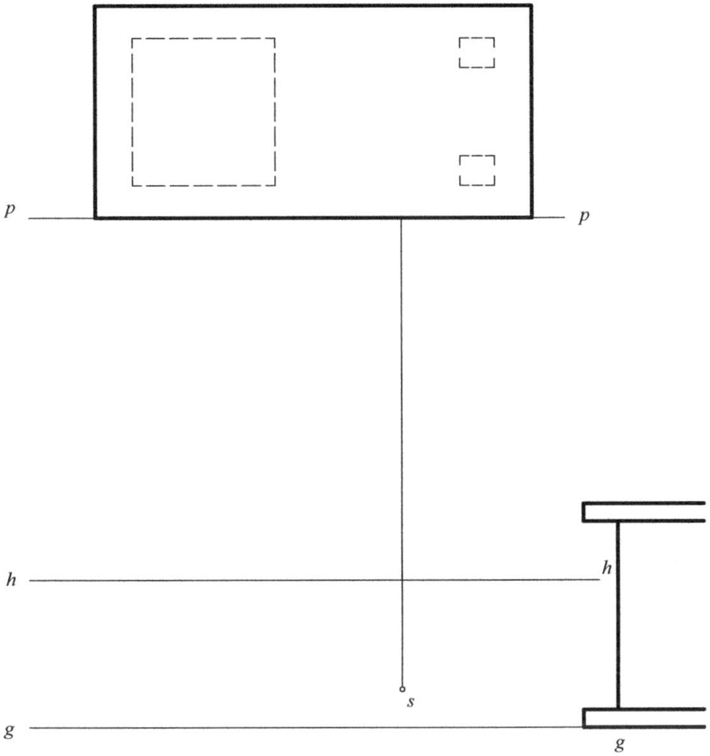

(2)

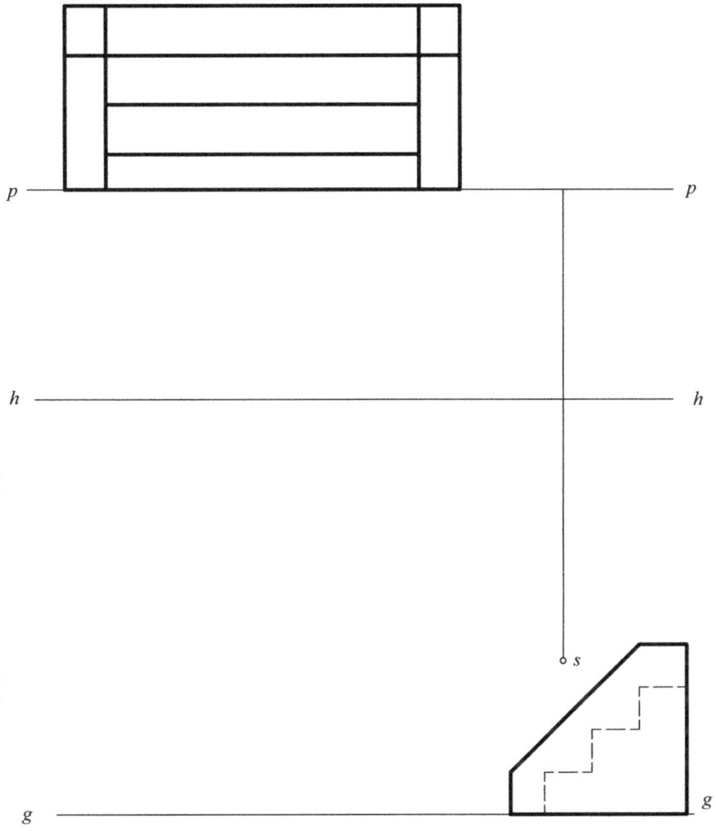

12-8 求建筑形体的两点透视，放大一倍，自定站点和视平线高度(自备图纸)。

(1)

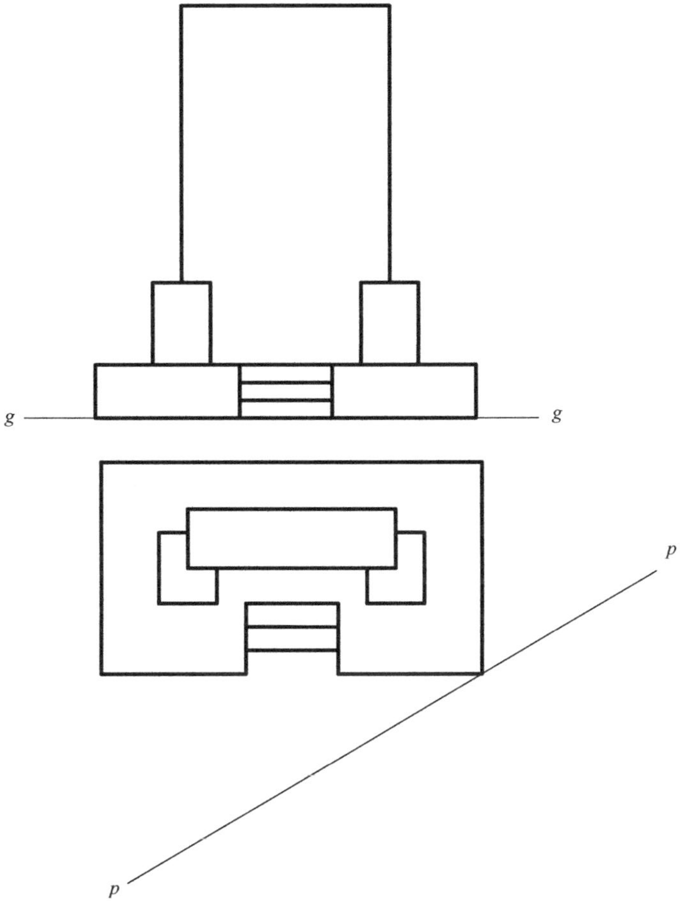

(2)

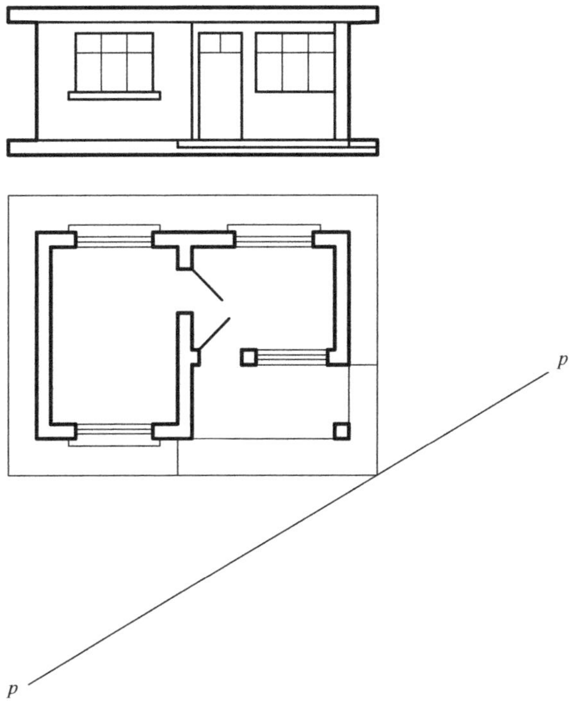

12-9　用量点法求建筑形体的透视。

(1)

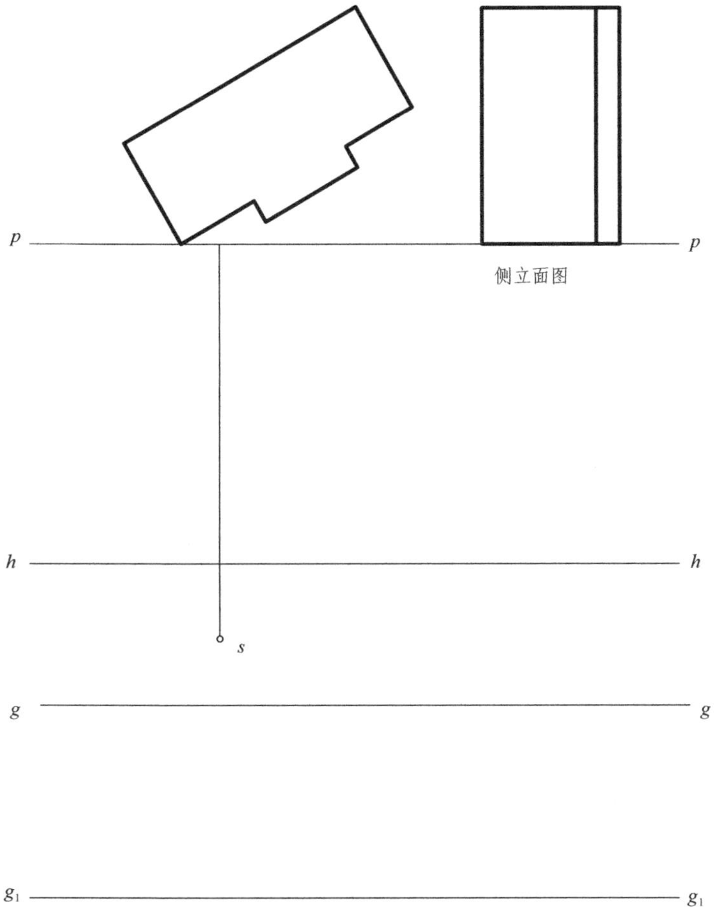

(2)

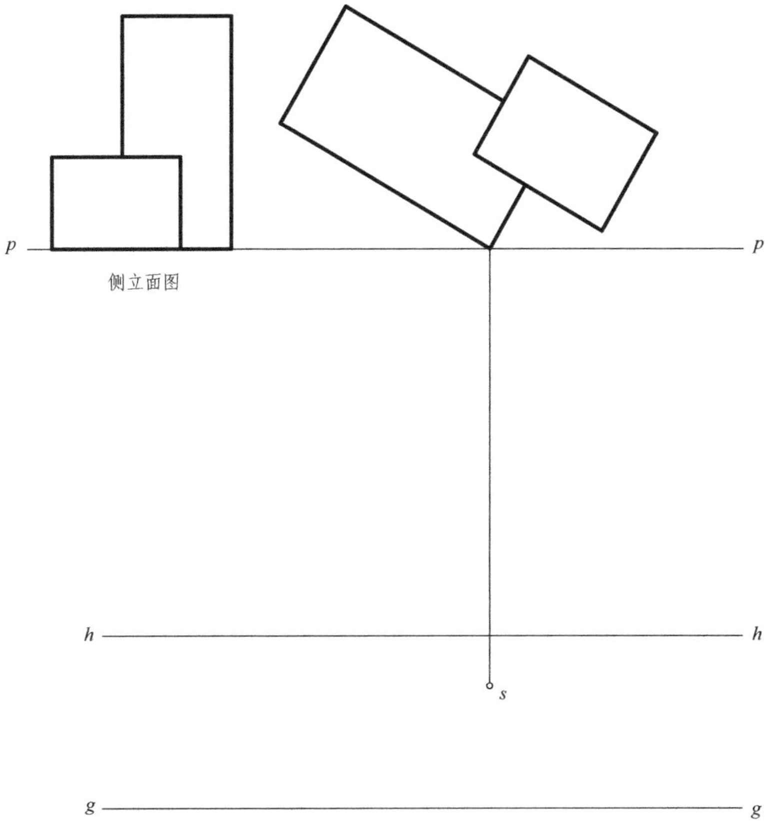

12-10　用量点法放大一倍作建筑形体的透视。

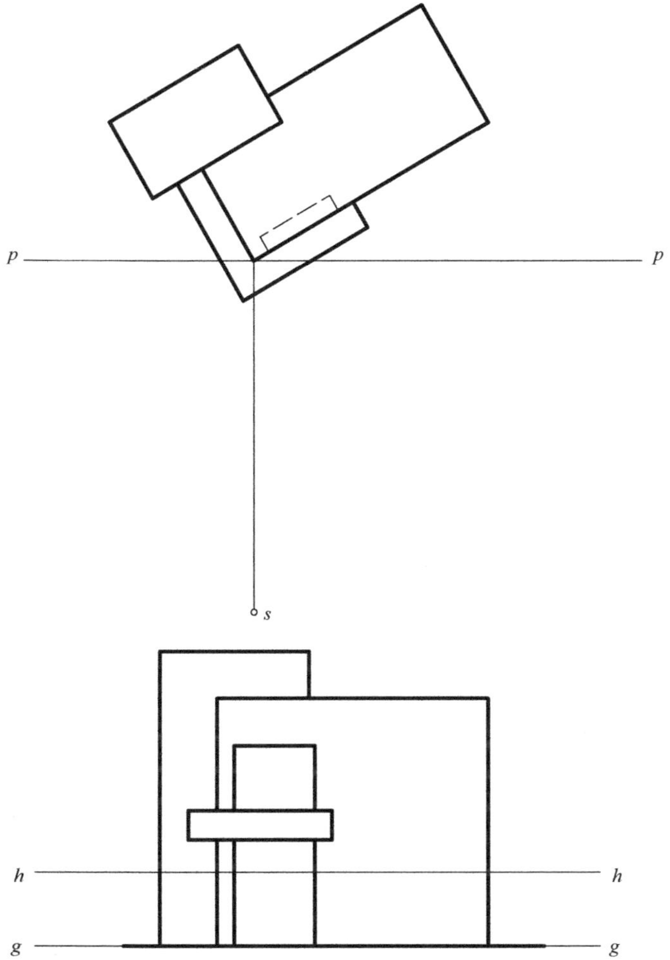

12-11 用距点法放大一倍作建筑形体的透视。

(1)

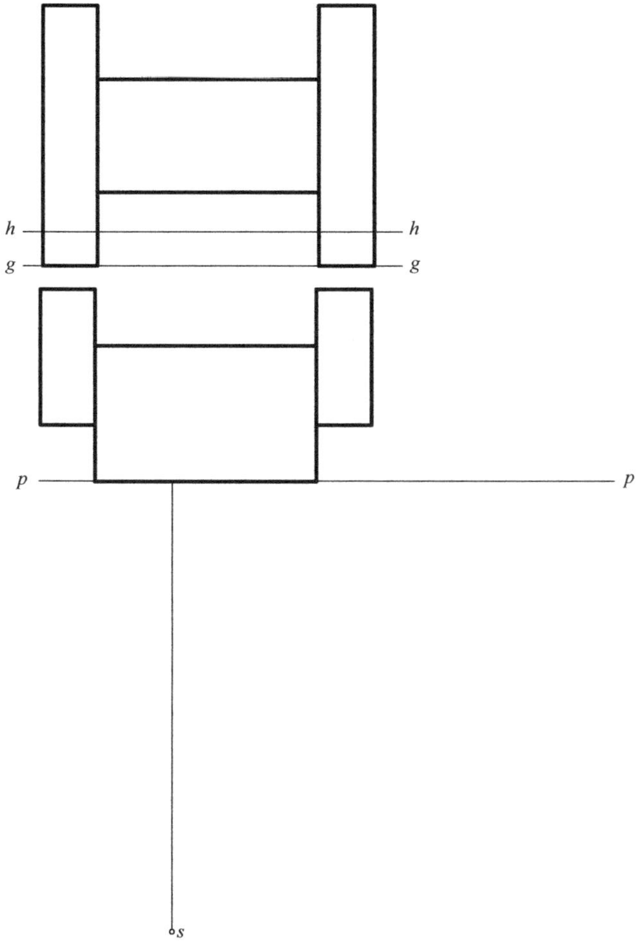

(2)

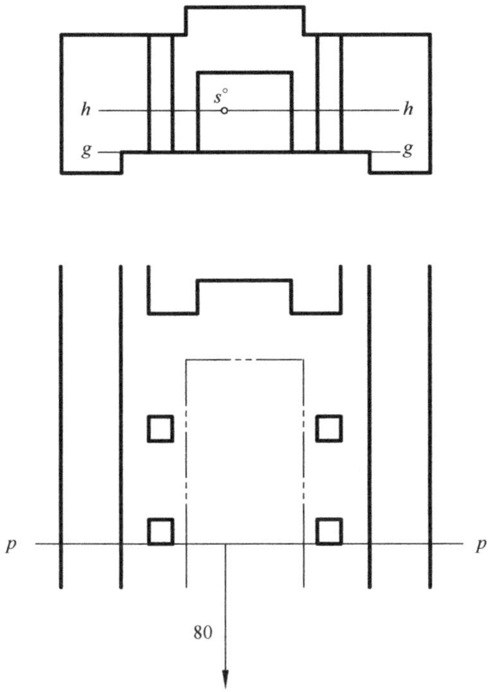

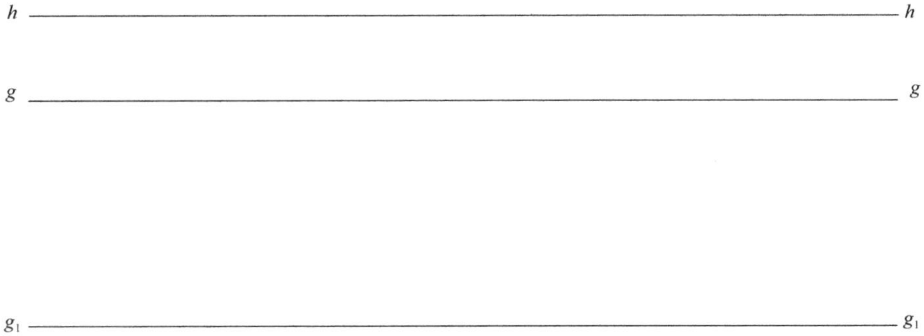

12-12　放大一倍作建筑形体的透视。

(1)

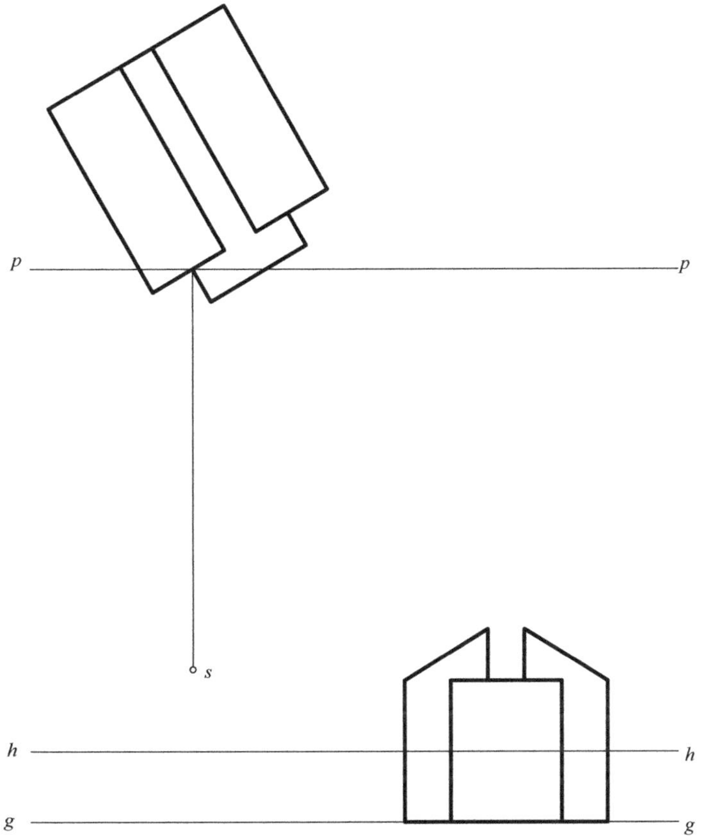

(2)(自备图纸)

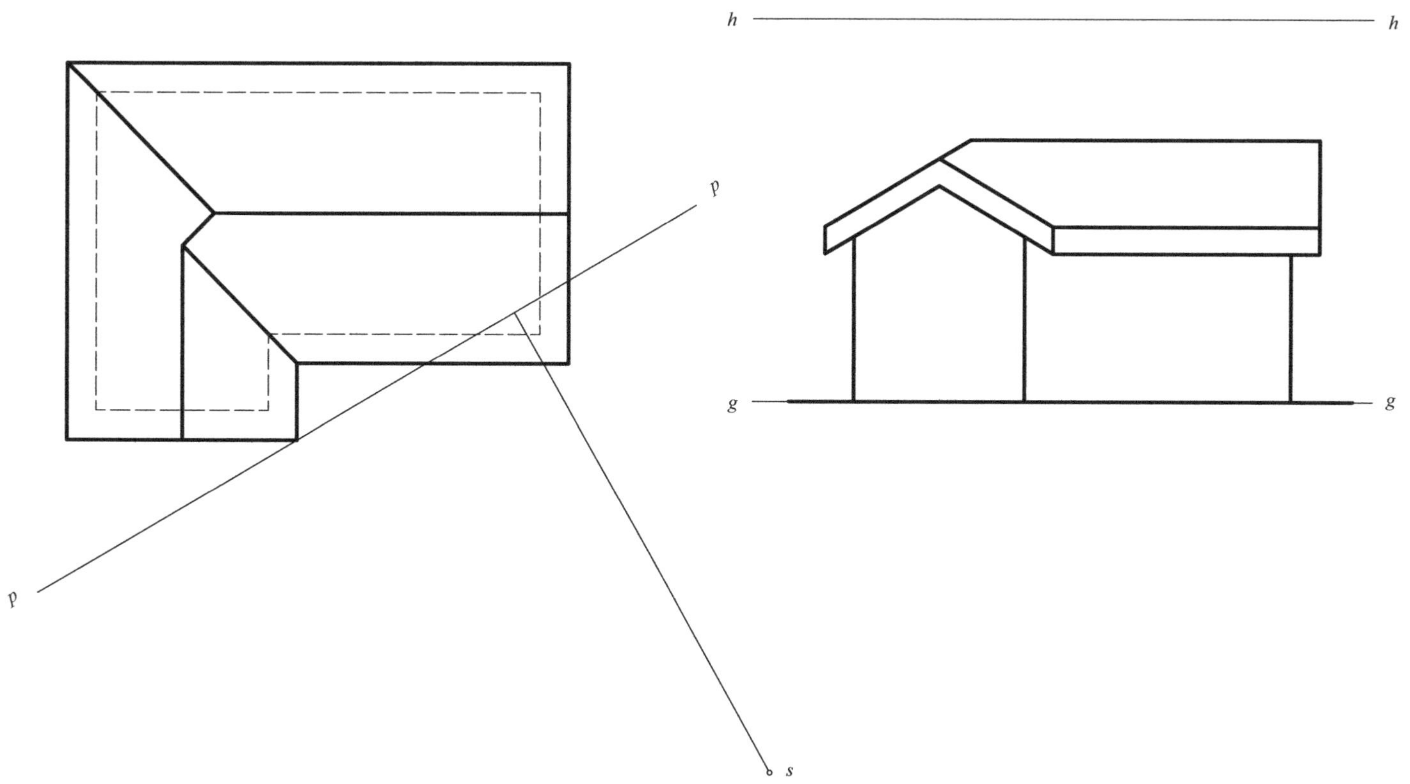

12-13 在透视图中将铅垂面划分成5个相同的矩形透视。

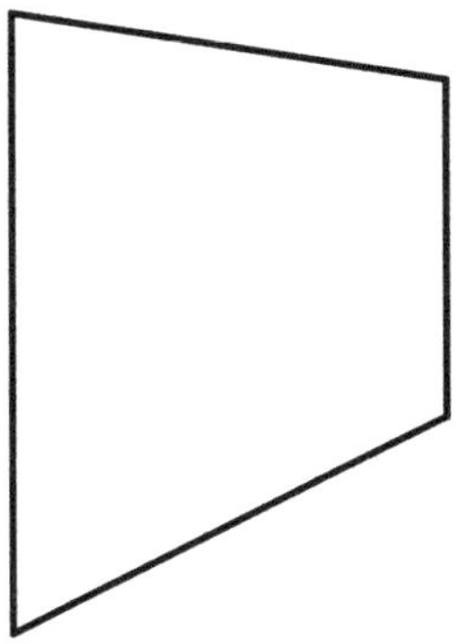

12-14 在已给出的铅垂矩形的同一平面内，再连续画出4个相同的矩形的透视。

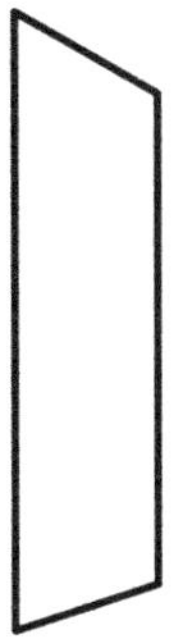

12-15 在透视图中将已知矩形铅垂面划分成9个相同的矩形。

12-16 在透视图中，按图示距离再画3个大小相同的矩形柱。

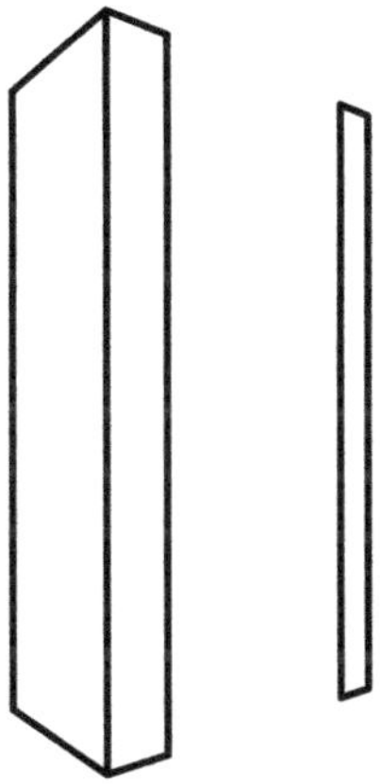

12-17 用网格法绘制建筑群的一点透视。

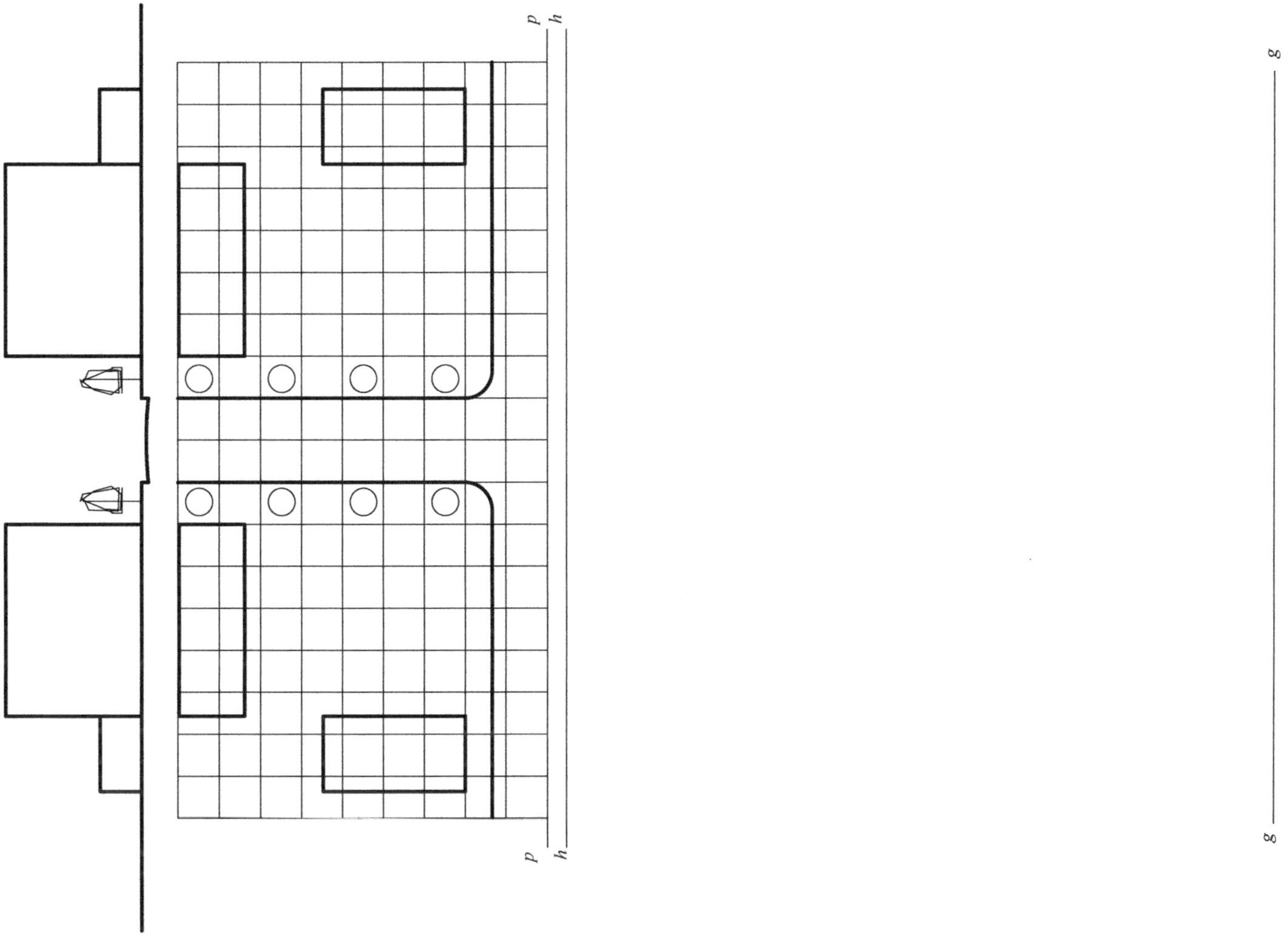

12-18　放大一倍，求圆拱建筑形体的透视。

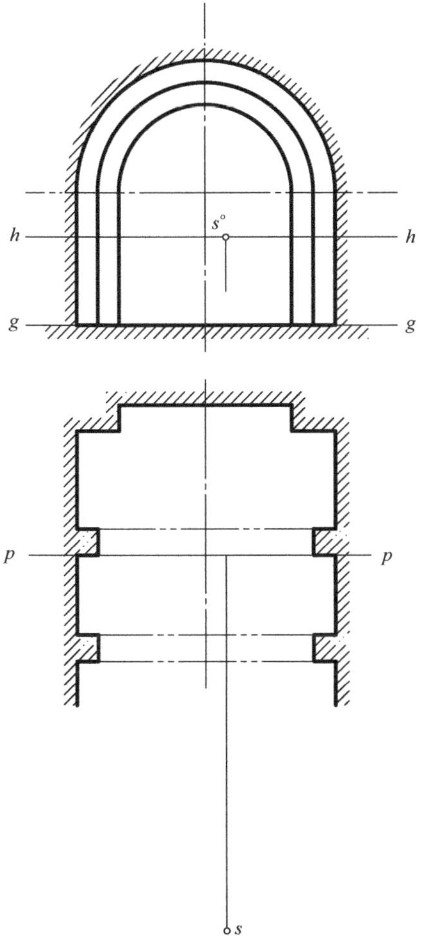

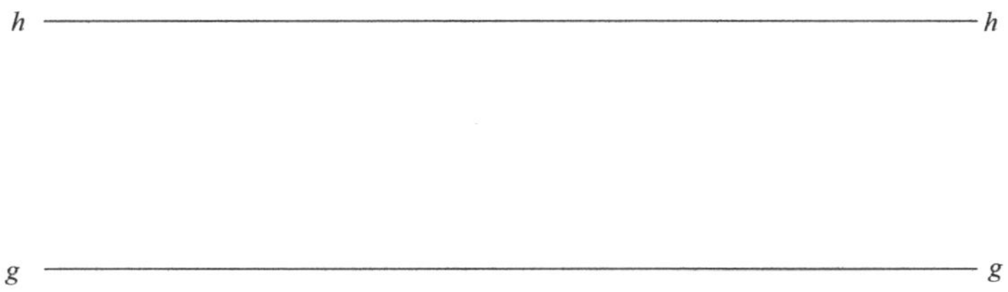

12-19　求圆形门洞的透视。

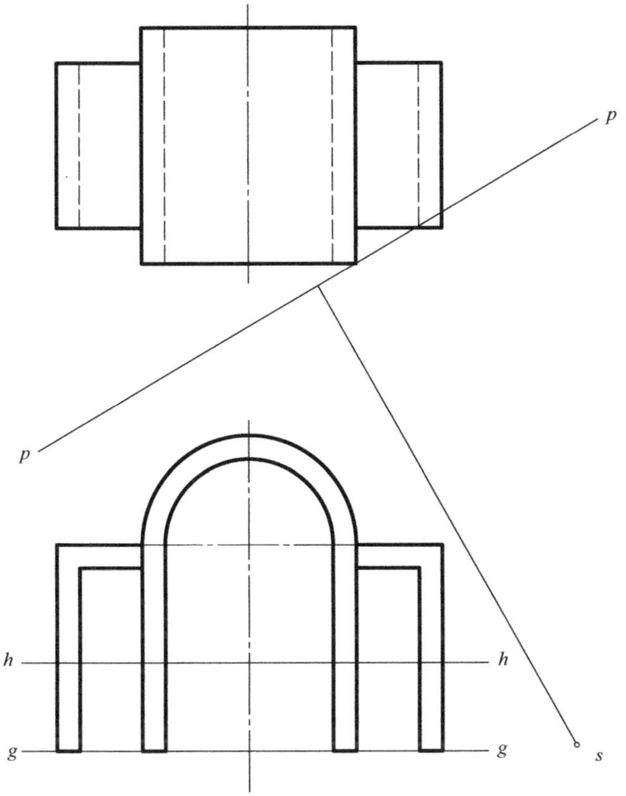